기본
영양학

기본
영양학
한정순
BASIC
NUTRITION
해진미디어
Haejin Media Co. LTD

PREFACE
머리말

영양(Nutrition)이란 생명체가 식품을 섭취하여 식품 안에 있는 성분을 흡수·대사하여 이용하고 배설하면서 생명을 유지하고 성장·발달하는 현상이다. 생명체는 일생동안 영양생활을 한다.

영양소(Nutrients)란 식품에 함유되어 있는 영양작용을 하는 물질로, 성장을 돕고 신체기능을 정상적으로 유지시키며 생명과정을 조절하고 에너지를 공급한다. 체내에서 합성되지 못하기 때문에 식품으로 섭취해야 하며 건강에 기본이 된다.

음식은 영양소를 공급하며 각각의 영양소는 체내에서 에너지 공급, 세포와 조직의 구성 및 유지, 체내 대사과정을 조절하며 이러한 영양소들은 유기적으로 서로 연관되어 보완적인 작용을 하므로 균형 있는 영양소 섭취가 매우 중요하다.

영양소에는 탄수화물, 지방, 단백질, 비타민, 무기질, 식이섬유소, 수분이 있으며, 이들 영양소의 특성, 체내에서의 작용과 급원 식품 및 결핍되었을 때의 증상, 과잉으로 섭취하였을 때 인체에 나타나는 여러 증상 등에 대한 지식을 영양학에서 습득한다.

인간은 누구나 건강하고 행복한 삶을 추구하며 장수하기를 원한다. 그러나 복잡한 현대사회에서 건강의 기본이 되는 식생활은 빠르고 간편한 식사로 해결하거나, 끼니를 거르게 되는 경우도 매우 많은데 간편한 식사는 영양소가 골고루 함유되어 있지 않고 열량과 당질, 지방, 나트륨이 과잉인 경우가 많다. 이러한 식생활을 계속하게 되면 열량은 많이 섭취하나 비타민이나 무기질, 식이섬유소 같은 영양소가 부족 되어 각종 대사질환의 원인이 되어 건강을 해치게 된다.

균형 있는 식생활은 건강의 기본이 되며 영양소가 골고루 들어있는 음식을 섭취하는 것이다.

영양학은 영양을 통해 건강을 증진하는데 필요한 지식을 제공하는 기본적인 학문으로 본 교재의 내용은 총 10장으로 구성되어 있다.

제 1장은 건강과 식생활에 대한 내용으로 건강의 정의, 식이기준, 올바른 식사양식, 한국인을 위한 식생활 목표 및 지침에 대한 내용이다.

제 2, 3, 4장은 체내에 열량을 제공하여 활력과 힘을 제공하는 영양소인 탄수화물, 지방, 단백질의 정의, 종류, 기능, 소화, 흡수, 대사 및 각각의 영양소와 건강과의 관계, 영양섭취기준, 급원식품에 대한 내용으로 구성되어 있다.

제 5, 6장은 체내 대사과정에 꼭 필요하고 중요한 지용성비타민과 수용성 비타민의 종류별 특성, 체내에서의 생리기능, 대사, 결핍증, 과잉증 및 급원 식품에 대한 내용을 제시한다.

제 7, 8장은 우리 몸을 구성하고 생명현상에 중요하게 관여하는 다량 무기질과 미량 무기질의 종류, 생리기능, 대사과정, 결핍증, 과잉증 및 급원 식품에 대한 지식을 제공한다.

제 9장은 인체의 약 50~60%를 차지하며 생명유지에 꼭 필요한 수분의 분포와 생리기능 및 산·염기 균형 등에 대한 내용으로 구성되어 있다.

제 10장은 에너지대사에 대한 내용으로 우리가 섭취하는 음식에 있는 열량영양소 탄수화물, 지방, 단백질의 에너지 대사와 에너지 균형 등에 대한 내용을 소개하고 있다.

이 책은 영양에 대한 기본적인 지식과 한국인 영양섭취기준과 영양관련 정보들을 제공하여 식품과 영양을 전공하는 학생들 뿐 아니라 생명과학, 보건, 간호 분야 및 일반인들도 식생활을 통한 건강한 삶에 대한 참고가 되도록 기술하고자 노력하였다.

영양학 책이 출간되기까지 많은 도움을 주신 해진미디어에 계신 분들에게 감사드리며 가족과 끊임없이 새로운 자극을 주는 고수민과 학생들에게 고마운 마음 전하며 건강을 지향하는 많은 분들에게도 도움이 되었으면 한다.

저자 **한정순**

Contents

Chapter 03

제 3 장 지질

Chapter 04

제 4 장 단백질

Chapter 05

제 5 장 지용성 비타민

Chapter 06

제 6 장 수용성 비타민

Chapter 07

제 7 장 다량 무기질

Chapter 08

제 8 장 미량 무기질

Chapter 09

제 9 장 수분과 산 염기 균형

Chapter 10

제 10 장 에너지 대사

Chapter

01

제 1 장

건강과 식생활

학습목표

이 장을 학습함으로써

1. 건강과 건강증진에 대해 알 수 있다.
2. 영양의 역할에 대해 알 수 있다.
3. 영양섭취기준에 대해 알 수 있다.
4. 올바른 식사양식과 한국인을 위한 식생활지침에 대해 알 수 있다.

1. 건강의 정의

1948년 세계보건기구(WHO)는 “건강(health)은 신체적, 정신적, 사회적 웰빙의 총체적 상태이며 단순히 질병이나 장애의 부재를 뜻하는 것이 아니다”라고 정의하였다. 생물학자이자 철학자인 르네 뒤보는 “건강은 사회적, 정서적, 정신적, 생물학적 적합성과 연관된 삶의 질로, 환경에 대한 적응을 이끌어낸다”고 하여 건강을 복합적인 개념으로 제시하였다.

- **신체적 건강**: 체내의 모든 기관이 제대로 기능하고, 질병에 대한 면역력과, 일상의 에너지와 영양소 요구를 충족시키기 위한 신체의 능력으로 인체에 공급된 영양소의 양과 질에 의해 영향받는다. 인간의 신체는 골격을 이루는 뼈에서 미량의 호르몬까지 다양한 조합의 영양소들로 구성된다.

- **정서적 건강**: 생활하면서 부딪치는 여러 가지 상황에 대처하여 감정을 표현하거나 통제할 수 있는 능력으로 예를 들면 저혈당에 의해 신체기능이 영향을 받기도 한다. 저혈당은 불안감과 혼란감을 느끼게 하여 감정 조절에 어려움을 느끼게 할 수 있으며 혈압의 변화도 영향을 미칠 수 있다.

- **사회적 건강**: 다른 사람들과 상황에 맞는 예의와 태도로 교류할 수 있고 가족구성원이나 친구, 동료들과 관계를 유지할 수 있는 능력으로 가족이나 사람들과의 식사 등을 통해 나타난다.

- **지적 건강**: 뇌와 중추신경계의 정상적인 기능에 좌우되는데 영양불균형은 지적 건강에 영향을 준다. 아침결식은 뇌에 영양소 결핍을 초래하여 학습이나 인지능력 저하를 초래하여 학습장애를 유발 할 수 있다. 또한 특정 영양소의 과잉이나 결핍도 인지능력부족과 학습장애를 나타낼 수 있다.

표 1-1. 영양소의 주된 작용

작용 / 영양소	에너지 공급	조직 구성과 보수	생리기능조절
탄수화물	○		
지방	○		
단백질	○	○	○
무기질		○	○
비타민			○
수분			○
식이 섬유소			○

1) 영양의 역할

영양(Nutrition)이란 생명체가 식품을 섭취하여 식품안에 있는 성분을 소화·흡수·대사시켜 이용하고 배설하면서 생명을 유지하고 성장·발달하는 현상이다.

영양소(Nutrients)란 식품에 함유되어 있는 영양작용을 하는 물질로, 생명을 유지하며 성장을 돕고 신체기능을 정상적으로 유지시키며 생명현상을 조절하고 에너지를 공급한다. 체내에서 합성되지 못하기 때문에 식품으로 섭취해야 하며 건강에 기본이 된다.

음식은 탄수화물, 지질, 단백질, 무기질, 비타민, 수분 등 중요한 6종류의 영양소를 공급하며 각각의 영양소들은 체내에서 에너지 공급, 세포와 조직의 구성 및 유지, 체내 대사과정을 조절하며 이러한 영양소들은 유기적으로 서로 연관되어 보완적인 작용을 하므로 균형된 영양소 섭취가 매우 중요하다.

2. 건강증진

건강증진(health promotion)의 목적은 개인, 가정, 그룹, 사회의 건강수준을 높이는 것으로 생활양식의 변화에 중점을 두며 이는 다음과 같은 지식, 기술, 사회적 지원에 의해 영향을 받는다.

- **지식**: 건강과 관련한 행동으로 얻을 수 있는 이익이나 위험에 대한 새로운 정보를 의미한다.
- **기술**: 새로운 지식을 일상생활에 적용하고 현재의 생활양식을 개선할 수 있는 방법이다.
- **사회적 지원**: 사회적 측면에서 새로운 건강증진 행동을 지원하는 환경을 의미한다.

3. 식이기준

식이기준은 필수영양소와 음식섭취에 대한 지식과 음식에 포함된 영양소량을 비교하여 적절한 영양소 섭취량을 결정하는 데 도움을 준다.

1) 영양섭취기준

한국의 과거 영양섭취기준은 필수영양소 결핍 예방이라는 매우 제한적인 목적으로 제정되었다. 그러나 최근의 영양섭취기준(Dietary Reference Intakes, DRIs)은 섭취 가능한 영양소, 식품, 식이보조제 등도 고려하며 다양한 개인 및 집단에 적용될 수 있도록 되어 있다. 현재 우리나라는 2015년에 개정된 한국인영양소섭취기준(KDRIs)이 사용되고 있다.

한국인 영양소섭취기준은 인간의 건강을 최적상태로 유지하는 것에 목표를 두었고 영양 필요량 충족과 만성질환이나 영양소 과다섭취로 인한 문제의 예방을 고려하였으며, 식사섭취의 평가나 식사계획에도 다양하게 활용이 가능하고 건강증진을 위한 식사섭취 방향을 제시할 수 있도록 제정하였다.

(1) 영양소섭취기준

영양소섭취기준은 평균필요량, 권장섭취량, 충분섭취량, 상한섭취량으로 구성된다.

영양소섭취기준(Recommended Dietary Allowance, RDA)은 각 생애 주기와 성별에 따른 건강한 사람의 요구에 맞는 영양소 섭취량이다. 목적은 만성질환의 위험을 낮추기 위해 적절한 영양소를 공급하는 것이다. 집단의 특정한 요구를 충족시키기 위해 필요한 영양소와 적절한 양을 결정하기 위해 EAR을 기준으로

표 1-2. 2015 한국인 영양소 섭취기준 - 에너지적정비율

보건복지부, 2015

영양소		에너지적정비율			
		1-2세	3-18세	19세 이상	비고
탄수화물		55-65%	55-65%	55-65%	
단백질		7-20%	7-20%	7-20%	
지질	총지방	20-35%	15-30%	15-30%	
	n-6계 지방산	4-10%	4-10%	4-10%	
	n-3계 지방산	1% 내외	1% 내외	1% 내외	
	포화지방산	-	8% 미만	7% 미만	
	트랜스지방산	-	1% 미만	1% 미만	
	콜레스테롤	-	-	300 mg/일미만	목표섭취량

2015 한국인 영양소 섭취기준 - 당류

보건복지부, 2015

총당류 섭취량을 총 에너지섭취량의 10-20%로 제한하고, 특히 식품의 조리 및 가공 시 첨가되는 첨가당은 총 에너지섭취량의 10% 이내로 섭취하도록 한다. 첨가당의 주요 급원으로는 설탕, 액상과당, 물엿, 당밀, 꿀, 시럽, 농축과일주스 등이 있다.

한다. 어떤 영양소는 권장섭취량은 없고 충분섭취량만 있다.

- **평균필요량**(Estimated Average Requirement, EAR)은 전체 인구의 요구를 대표하는 특정 집단의 절반에게 기본 필요량을 충족시키기 위해 필요한 영양소의 총량을 의미한다.

- **권장섭취량**(Recommended Intake RI)은 약 97~98%에 해당하는 사람들의 영양소 필요량을 충족시키는 섭취수준으로 평균필요량에 표준편차 또는 변이계수의 2배를 더하여 산출한다.

- **충분섭취량**(Adequate Intake, AI)은 건강한 특정 집단이나 인구를 대상으로 한 관찰 및 실험에서 결정된 대략적인 평균 영양소 섭취량을 말한다. 충분섭취량은 영양섭취기준을 결정하기에 자료가 적절치 못할 때 사용된다.

- **상한섭취량**(Tolerable Upper Intake Level, UL)은 인체에 유해한 영향이 나타나지 않는 최대 영양소 섭취수준이다.

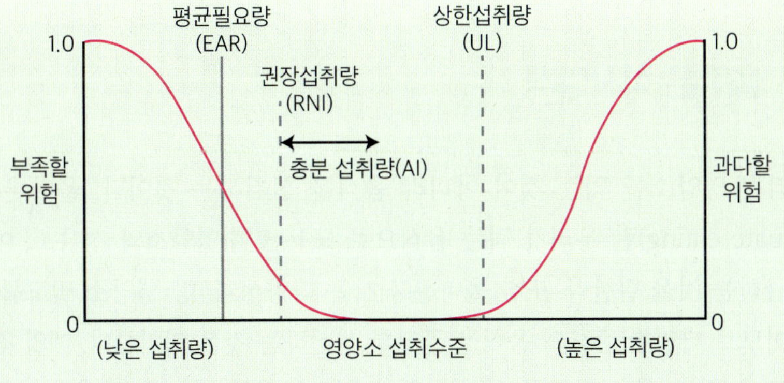

그림 1-1. 영양소 섭취기준(Dietary Reference Intakes, DRIs)의 종류

에너지적정비율(Acceptable Macronutrient Distribution Ranges, AMDRs)은 지방, 탄수화물, 단백질 같은 다량영양소의 하루 에너지 섭취비율이다. 에너지원 영양소들의 경우, 만성질환 위험률을 낮추면서 적절한 에너지와 영양소를 섭취할 수 있도록 하루 섭취 범위가 제시된다.

(2) 영양섭취기준의 활용

영양섭취기준을 활용하여 섭취한 식품을 평가할 수 있으며 개인이나 집단을 대상으로 다른 기준치를 사용하여 평가할 수 있다. 식사평가는 섭취가 얼마나 적절한가를 알 수 있다. 뿐만 아니라 식사계획을 세울 수 있고 식품표시, 식품강화, 새로운 식품개발, 식품안전 등에 활용될 수 있다.

2) 추가적 기준들

에너지필요추정량(Estimated Energy Requirement, EER)은 에너지를 위한 DRI이다. 에너지필요추정량은 건강하고 적정 활동을 수행하며 정상 체격을 지닌 사람이 에너지 평형을 유지하는데 필요한 양이다. 에너지는 일상섭취량이 증가하면 과잉위험도가 증가하므로, 섭취부족에 따른 유해효과와 과잉섭취에 따른 피해가 최소가 되는 섭취량이 에너지필요추정량이다.

4. 올바른 식사양식

우리는 영양소를 먹는 것이 아니라 음식을 섭취하는 것이다. 올바른 식사(adequate eating)란 우리가 먹는 음식으로 모든 필수영양소와 섬유소, 에너지를 공급하는 것을 말한다. 또한 올바른 식사는 다양성, 균형, 영양소 밀도를 고려한 것이므로 다양한 종류의 음식을 골고루 섭취하는 것을 의미한다. 매일 점심으로 라면을 먹는 것은 간단한 일이나 이보다는 다양한 메뉴를 선택해 섭취하는 쪽이 더 적절하다.

균형있는 식사는 모든 식품군에서 적절한 양의 음식을 선택해 먹음으로써 각 필수영양소가 적절한 비율로 섭취되어 영양소 간의 균형을 유지하는 것이다.

영양소 밀도는 음식 내 영양소 함유량과 열량 간의 비교에 근거해 음식의 가치를 결정한다. 영양소 함유량이 높고 열량이 적은 음식일수록 영양소 밀도가 높은 것이다. 오렌지 주스 1잔에는 빈 칼로리(empty kcal: 열량이 있긴 하지만 영양소가 없는 알코올, 탄산음료 등) 식품인 탄산음료 1잔보다 훨씬 많은 영양소가 포함되어 있다.

최적의 건강을 위해 필요한 모든 영양소를 포함한 단일 식품은 존재하지 않으므로 다양한 음식을 골고루 균형있게 섭취해야 한다.

5. 식품교환표

식품교환표는 우리가 섭취하는 식품의 영양소함량이 들어있는 식품영양소 함량표를 이용하지 않고도 편리하게 영양소 섭취량을 추정할 수 있게 도움을 주기 위하여 대한영양사협회와 당뇨병학회가 공동으로 개발한 것이다. 즉 식품들의 영양소 함량이 비슷한 것끼리 묶어 곡류, 어육류, 채소류, 과일류, 우유, 지방군의 6가지 종류로 구분하여 같은 군에 속한 식품들은 자유롭게 바꾸어 선택하여 섭취할 수 있게 함으로써 영양전문가가 아닌 일반인들도 쉽게 응용할 수 있게 하였다.

식품교환표를 이용하면 식품군별 교환수를 알 수 있어 자신이 어떤 식품군을 몇 단위 섭취하였을 때 총섭취열량과, 당질(탄수화물), 단백질, 지방의 양을 알 수 있다. 또한 과잉열량 섭취 예방 등 식사조절을 적절하게 하여 영양상태를 잘 유지할 수 있게 하는데 도움이 된다.

식품교환표

식품군		1교환단위의 예	영양소 당질 (g)	영양소 단백질 (g)	영양소 지방 (g)	열량 (Kcal)
곡류군		쌀밥 70g(1/3공기), 삶은국수 90g(1/2공기), 식빵 35g(1쪽), 도토리묵 200g(1/3모), 감자 140g(중 1개), 크래커 20g(5개)	23	2	–	100
어육류군	저지방	쇠고기 40g(로스용 1장), 조기 50g(소 1토막), 멸치 15g(잔 것 1/4컵)	–	8	2	50
	중지방	달걀 55g(중 1개), 고등어 50g(소 1토막), 두부 80g(1/5모)	–	8	5	75
	고지방	닭고기 40g(닭다리 1개), 비엔나소시지 40g(5개), 치즈 30g(1.5장)	–	8	8	100
채소군		애호박 70g(중 1/3개), 오이 70g(중 1/3개), 당근 70g(대 1/3개), 시금치 70g(익혀서 1/3컵), 표고버섯 50g(대 3개)	3	2	–	20
지방군		호두 8g(중 1.5개), 땅콩 8g(8개), 잣 8g(1큰스푼), 옥수수기름 5g(1작은스푼), 마요네즈 5g(1작은스푼)	–	–	5	45
지방군	일반우유	일반우유 200cc(1컵), 두유 200cc(1컵)	10	6	7	125
	저지방우유	저지방우유 200cc(1컵)	10	6	2	80
과일군		수박 150g(중 1쪽), 귤 120g, 사과 80g(중 1/3쪽), 바나나 50g(중 1/2개), 토마토 350g(소 2개), 키위 80g(중 1개)	12	–	–	50

그림 1-2. 식품교환의 개념

6. 영양상태 평가

우리는 일상생활에서 식생활을 끊임없이 지속하고 있으며 올바르게 섭취하고 있는지에 대한 평가는 영양상태를 통해 점검하는 것으로 식생활조사법, 신체계측법, 임상조사법, 생화학적인 조사법이 사용되고 있다.

1) 식사섭취 조사방법

개인이 섭취한 식이내용을 조사하여 식이섭취량을 계산하고 영양소섭취량으로 환산하여 필요량 충족여부를 판정한다.

Chapter 01

표1-3. 식사섭취 조사방법

조사법의 종류	특성
24시간 회상법	전날 섭취한 식품의 종류와 양을 기억해 내도록 하여 주정하는 방법으로 기억을 회상하는데 도움이 되는 보조수단들을 많이 이용한다.
기록법	자신이 섭취한 식품의 종류와 양을 스스로 기록하도록 하는 방법으로 양으로 환산하는데 어려움이 있으므로 기록 능력과 함께 목측량에 대한 지식도 필요하다.
실측법	개인의 식품 섭취량을 저울을 이용하여 재서 기록하는 방법으로 식사 후 남긴 음식의 양도 측정하여 섭취량에서 제외시킨다.
식품섭취 빈도법	장기간의 특정 식품이나 영양소 섭취상태를 파악하기 위하여 식품의 목록을 섭취빈도와 함께 제시하여 조사하는 방법이다.
식사력 조사법	24시간 회상법으로 전체적인 식이섭취 형태를 조사하고 보조적으로 식품목록에 기호도나 구매빈도를 표시하게 하거나 식품섭취 빈도법을 병행 한다.

2) 신체계측법

체위 측정을 통해 영양소 섭취상태를 알 수 있다. 예민도가 낮은 방법으로 장기간의 영양불량 상태가 지속될 때 체위변화가 나타난다. 체중과 신장이 가장 중요하다.

가) 신체질량지수(Body Mass Index BMI) : 열량- 단백질 영양상태, 비만을 알 수 있는 지표로 체중(Kg)을 신장$(m)^2$ 으로 나누어 계산한다.

나) 팔둘레 : 체단백질량을 알 수 있는 지표로 왼쪽팔의 가운데 지점을 줄자를 이용하여 측정한다.

다) 피부 두겹 두께 : 체지방량을 알 수 있는 지표로 캘리퍼를 이용하여 삼두근, 견갑골하부 등을 측정한다.

3) 생화학 검사법

혈액, 소변, 머리카락, 대변, 기타 신체조직 등을 검사하는 방법으로 혈액검사는 영양상태를 알 수 있는 가장 객관적인 지표이다.

4) 임상영양 조사방법

영양소가 장기간 부족하게 되면 저장량의 고갈, 신체기능에 장애가 오게 되며 결핍증세가 발생하게 되어 육안으로도 구별할 수 있는 징후들이 나타나게 된다. 쇠약, 근육소모, 부종, 복수, 욕창, 특정영양소 부족증 등이 나타난다.

7. 한국인을 위한 식생활 목표 및 지침

국민들이 건강한 생활양식을 유지할 수 있도록 하기 위해 식습관과 건강 등을 고려하여 다양한 식생활 지침을 생애주기별로 제시해 지침을 주고 있다.

(1) 한국인을 위한 식생활 목표

- 에너지와 단백질은 영양섭취기준에 알맞게 섭취한다
- 칼슘, 철, 비타민 A, 리보플라빈의 섭취를 늘린다
- 지방의 섭취는 총에너지의 20%를 넘지 않도록 한다
- 소금은 1일 10g 이하로 섭취한다
- 알코올의 섭취를 줄인다
- 건강 체중($18.5 \le BMI < 25$)을 유지한다
- 바른 식사 습관을 유지한다
- 전통 식생활을 발전시킨다
- 식품을 위생적으로 관리한다
- 음식의 낭비를 줄인다

보건복지부

(2) 한국인을 위한 식생활 지침

- 곡류, 채소 · 과일류, 어육류, 유제품 등 다양한 식품을 섭취하자
- 짠 음식을 피하고, 싱겁게 먹자
- 건강 체중을 위해 활동량을 늘리고, 알맞게 섭취하자
- 식사는 즐겁게 하고, 아침을 꼭 먹자
- 술을 마실 때는 그 양을 제한하자
- 음식은 위생적으로, 필요한 만큼 준비하자
- 밥을 주식으로 하는 우리 식생활을 즐기자

보건복지부

8. 생애주기별 식생활 실천지침

성인을 위한 식생활 실천지침

● **채소, 과일, 우유 제품을 매일 먹자**
- 여러 가지 채소를 매일 먹습니다.
- 다양한 제철 과일을 먹습니다.
- 우유, 요구르트, 치즈 등 우유 제품을 간식으로 먹습니다.

● **지방이 많은 고기와 튀긴 음식을 적게 먹자**
- 고기는 기름을 떼어 내고 먹습니다.
- 튀기거나 볶은 음식을 적게 먹습니다.
- 등 푸른 생선을 자주 먹습니다.

● **짠 음식을 피하고, 싱겁게 먹자**
- 장아찌, 젓갈과 같은 짠 음식을 적게 먹습니다.
- 음식을 만들거나 먹을 때 소금이나 간장을 적게 사용합니다.

- 국과 찌개의 국물을 적게 먹습니다.

- **활동량을 늘리고, 알맞게 섭취하자**
  - 운동은 1회 30분 이상, 1주 3-4회 이상 실천합니다.
  - 생활 속에서의 신체 활동을 늘립니다.
  - 단 음식과 단 음료를 제한합니다.
  - 건강 체중을 유지합니다.
- **술을 마실 때는 그 양을 제한하자**
  - 되도록 음주를 피합니다.
  - 남자는 하루 2잔, 여자는 1잔 이내로 제한합니다.
    (2잔은 소주로는 3잔, 맥주로는 2캔, 양주로는 2잔에 해당됩니다.)
  - 임신부나 청소년은 절대 술을 마시지 않습니다.
- **세끼 식사를 규칙적으로 즐겁게 하자**
  - 아침을 거르지 않습니다.
  - 저녁 식사는 가족과 함께 즐겁게 합니다.
- **음식은 먹을 만큼 준비하고, 위생적으로 관리하자**
  - 음식은 먹을 만큼 만들거나 주문합니다.
  - 남은 음식은 바로 냉장 보관하고, 오래 두지 않습니다.
- **밥을 주식으로 하는 우리 식생활을 즐기자**
  - 밥과 다양한 반찬을 갖춘 식사로 영양의 균형을 유지합니다.

어르신을 위한 식생활 실천 지침

- **채소, 고기나 생선, 콩 제품 반찬을 골고루 먹자**
  - 다양한 채소 반찬을 매끼 먹습니다.
  - 고기나 생선, 계란, 콩 제품 반찬을 매일 먹습니다.
- **우유 제품과 과일을 매일 먹자**
  - 우유, 요구르트나 두유를 매일 먹습니다.
  - 다양한 제철 과일을 먹습니다.

- **짠 음식을 피하고, 싱겁게 먹자**
  - 장아찌, 젓갈 같은 짠 음식을 적게 먹습니다.
  - 음식을 만들거나 먹을 때 소금이나 간장을 적게 사용합니다.
  - 국과 찌개의 국물을 적게 먹습니다.
- **많이 움직여서 식욕과 적당한 체중을 유지하자**
  - 자신에게 알맞은 운동을 규칙적으로 합니다.
  - 많이 걷고 움직이는 생활을 합니다.
- **술은 절제하고, 물을 충분히 마시자**
  - 되도록 술을 마시지 않습니다.
  - 술을 마실 때는 하루 1잔 이내로 제한합니다.
    (1잔은 소주로는 1.5잔, 맥주로는 1캔, 양주로는 1잔에 해당됩니다.)
  - 물을 자주 마십니다.
- **세끼 식사와 간식을 꼭 먹자**
  - 세끼 식사를 규칙적으로 합니다.
  - 조금씩 자주 먹습니다.
- **음식은 먹을 만큼 준비하고, 오래 된 것은 먹지 말자**
  - 음식은 한꺼번에 많이 만들지 않습니다.
  - 남은 음식은 바로 냉장 보관하고, 오래 된 것은 버립니다.

영유아를 위한 식생활 실천지침

- **생후 6개월까지는 반드시 모유를 먹이자**
  - 생후 1년까지는 모유를 먹이는 것이 좋습니다.
  - 모유를 먹일 수 없는 경우에만 조제유를 먹입니다.
  - 조제유는 정해진 양을 물에 타서 안고 먹입니다.
  - 잠잘 때는 젖병을 물리지 않습니다.
- **이유식은 성장단계에 맞추어 먹이자**
  - 집에서 만든 이유식을 먹입니다.

- 신선한 재료를 위생적으로 조리합니다.
- 이유식은 간을 하지 않고 조리합니다.
- 이유식은 숟가락으로 떠 먹입니다.

● **곡류, 과일, 채소, 생선, 고기 등 다양한 식품을 먹이자**

- 다양한 조리법으로 만들어 먹입니다.
- 싱겁고 담백하게 조리합니다.

임신 · 수유부를 위한 식생활 실천지침

● **우유 제품을 매일 3회 이상 먹자**

- 우유를 매일 3컵 이상 마십니다.
- 요구르트, 치즈, 뼈째 먹는 생선 등을 자주 먹습니다.

● **고기나 생선, 채소, 과일을 매일 먹자**

- 다양한 채소와 과일을 매일 먹습니다.
- 살코기, 등 푸른 생선 등을 자주 먹습니다.
- 달걀과 콩 제품을 자주 먹습니다.

● **짠 음식을 피하고, 싱겁게 먹자**

- 장아찌, 젓갈 같은 짠 음식과 가공식품을 적게 먹습니다.
- 음식을 만들거나 먹을 때 소금이나 간장을 적게 사용합니다.

● **술은 절대로 마시지 말자**

- 술은 절대로 마시지 않습니다.
- 커피, 콜라, 차, 초콜렛 등 카페인 함유식품을 적게 먹습니다.

● **안전한 식품을 선택하고, 위생적으로 관리하자**

- 신선한 재료를 위생적으로 조리합니다.
- 가공식품이나 인스턴트 식품을 적게 먹습니다.

● **임신부는 적절한 체중증가를 위해 알맞게 먹자**

- 세 끼 식사와 간식을 즐겁게 먹습니다.
- 일상적인 활동과 가벼운 운동을 규칙적으로 합니다.

- **수유부는 모유 수유를 위해 알맞게 먹자**
  - 음식과 물을 충분히 섭취하여 모유 부족을 예방합니다.

어린이를 위한 식생활 실천지침

- **채소, 과일, 우유 제품을 매일 먹자.**
  - 여러 가지 채소를 매끼 먹습니다.
  - 우유를 매일 2컵 이상 마십니다.
- **고기, 생선, 달걀, 콩 제품을 골고루 먹자.**
  - 고기, 생선이나 달걀을 매일 먹습니다.
  - 콩이나 두부를 매일 먹습니다.
- **매일 밖에서 운동하고, 알맞게 먹자.**
  - 매일 걷기, 줄넘기, 뛰어놀기 등의 운동을 합니다.
  - 나이에 맞는 키와 몸무게를 압니다.
- **아침을 꼭 먹자.**
  - 하루에 두 끼 이상을 밥으로 먹습니다.
  - 좋아하는 반찬만 골라 먹지 않습니다.
- **간식은 영양소가 풍부한 식품으로 먹자.**
  - 간식으로는 과일과 우유가 좋습니다.
  - 과자나 음료수, 패스트푸드를 적게 먹습니다.
  - 불량식품을 먹지 않습니다.
- **음식을 낭비하지 말자.**
  - 음식은 먹을 만큼 덜어서 먹고, 남기지 않습니다.

청소년을 위한 식생활 실천지침

- **채소, 과일, 우유 제품을 매일 먹자.**
  - 다양한 채소와 과일을 먹습니다.

- 우유를 매일 2컵 이상 마십니다.

● **튀긴 음식과 패스트푸드를 적게 먹자.**
- 스낵류와 튀긴 음식을 적게 먹습니다.
- 햄버거, 피자 등 패스트푸드를 적게 먹습니다.
- 가공식품과 인스턴트 식품을 적게 먹습니다.

● **건강 체중을 바로 알고, 알맞게 먹자.**
- 내 키에 맞는 체중을 압니다.
- 활동량을 늘리고 매일 운동합니다.
- 무리한 다이어트를 하지 않습니다.

● **음료로는 물을 마시자.**
- 술은 절대 마시지 않습니다.
- 탄산음료를 적게 먹습니다.
- 물을 자주 마십니다.

● **아침을 꼭 먹자.**
- 아침을 거르지 않습니다.
- 저녁을 제 시간에 먹습니다.
- 한꺼번에 많이 먹지 않습니다.

● **위생적인 음식을 선택하자.**
- 불량식품을 먹지 않습니다.
- 가공식품의 영양표시와 유통기한을 확인합니다.

● **밥을 주식으로 하는 우리 식생활을 즐기자.**
- 하루에 두 끼 이상을 밥으로 먹습니다.
- 밥과 다양한 반찬을 갖추어 먹습니다.

| 요 | 약 |

건강은 신체적, 정서적, 사회적으로 균형이 이루어질 때 가능하다. 음식에서 얻어지는 필수영양소는 탄수화물, 단백질, 지방, 비타민, 무기질, 물의 6가지 종류로 구분된다. 이들 영양소는 성장, 체조직의 회복 및 체내대사과정 조절, 에너지 공급 등에 쓰인다. 어떤 영양소는 다양한 역할을 하고 또 어떤 영양소는 특정 기능만을 담당한다. 영양결핍을 예방하고 만성질환의 발생 위험률을 낮추기 위해, 적당한 영양소 섭취에 대한 지침을 제공하는 식이기준이 각 나라별로 있으며 우리나라에서는 한국인 영양소섭취기준이 이용되고 있다.

| 주 | 요 | 용 | 어 |

건강(health) 신체적, 정신적, 사회적 건강의 균형

건강증진(health promotion) 개인, 가족, 집단, 지역사회에서 건강향상을 위해 사용하는 전략

영양권장섭취기준(Recommended Dietary Allowance, RDA) 생의 주기와 성별에 따른 건강인의 요구에 맞는 영양소 섭취수준

상한섭취량(Tolerable Upper Intake Level, UL) 건강상 위험을 방지하기 위해 초과하지 말아야 할 영양소 섭취량

에너지적정비율(Acceptable Macronutrient Distribution Ranges, AMDRs) 적절한 필요영양소를 공급하는 동시에, 만성질환 위험성의 경감과 연관된 에너지 급원에 대한 섭취 범위. 지방, 탄수화물, 단백질의 일일섭취비율

에너지필요추정량(Estimated Energy Requirement, EER) 건강을 유지하기 위해 연령, 체중, 신체활동 수준에 따라 필요하다고 예측한 에너지 섭취량

영양과다(overnutrition) DRI 기준에 비해 과다한 에너지 영양소 소모

영양부족(undernutrition) DRI 기준에 비해 영양소나 에너지 소모가 충분치 않은 경우

영양불량(malnutrition) 에너지와 영양소 섭취의 불균형

영양소섭취기준(Dietary Reference Intakes, DRIs) 평균필요량, 영양섭취기준, 충분섭취량, 상한섭취량을 포함한다.

영양소(nutrient) 신체가 에너지, 성장, 유지, 회복에 요구되는 음식물에 있는 물질

올바른 식사(adequate eating) 음식의 영양적 가치를 비교하여 적절한 영양소 섭취를 제시한다.

충분섭취량(Adequate Intake, AI) 건강한 특정집단이나 인구의 관찰이나 실험을 통해 결정된 영양소 섭취량 중앙값

평균필요량(estimated Average Requirement, EAR) 특정집단에 절반의 요구를 충족시키기 위해 필요한 영양소량

| 복 | 습 | 하 | 기 |

1. 우리나라 국민의 건강을 위하여 보건복지부가 제정한 식생활 지침에 포함된 내용으로 맞지 않는 것은?

① 짠 음식을 피하고 싱겁게 먹자
② 밥을 주식으로 하는 우리 식생활을 즐기자
③ 건강 체중을 위해 활동량을 늘리고 알맞게 섭취하자
④ 술을 절대 마시지 않는다.

정답.

④

Chapter

02

제 2 장

탄수화물

학습목표

이 장을 학습함으로써

1. 탄수화물을 분류하고 특성 및 기능을 알 수 있다.
2. 탄수화물의 소화 · 흡수 · 대사과정에 대해 알 수 있다.
3. 포도당의 에너지원으로서의 중요성을 인식하고 혈당조절 기전을 알 수 있다.
4. 식이섬유소를 분류하고 체내 작용에 대해 알 수 있다.

1. 탄수화물(carbohydrates)의 정의

광합성에 의해 식물에서 만들어지며, 자연계에 가장 많이 존재하는 유기화합물로 지질, 단백질과 같이 에너지를 제공한다. 탄소, 수소, 산소 등의 원소로 이루어져 있고 탄소, 산소와 수소의 비율이 1:2:1로 되어 있어 탄소의 수화물이다.

2. 탄수화물의 종류

(1) 단당류

① 포도당(glucose): 혈당의 급원이며 에너지 급원이고, 체내 당대사의 중심물질이며 더 이상 가수분해되지 않는다. 녹말, 맥아당 등의 최종 가수분해 산물이다.

② 과당(fructose): 단맛이 가장 강하며, 벌꿀, 과즙, 고과당 옥수수시럽 등에 들어 있다.

③ 갈락토오스(galactose): 유당을 구성하며 유즙에 주로 있다.

④ 만노오스(mannose): 뮤코단백질(mucoprotein)의 구성성분이다.

⑤ 리보오스(ribose): 핵산(RNA구성물질), 조효소(NAD, FAD)의 구성성분, ATP의 구성성분이다.

⑥ 데옥시리보오스[2-deoxyribose]: 핵산구성 물질이다.

그림 2-1 대표적인 단당류

(2) 이당류: 단당류 2분자가 글리코사이드 결합에 의해 연결된 것이다.

① 맥아당(maltose): 2분자의 포도당이 연결된 것으로 전분이 가수분해 되면서 생성되며 소화관내에서 쉽게 포도당으로 분해되므로 체내에서 소화흡수가 잘 된다.

② 서당(sucrose): 포도당 1분자와 과당 1분자가 결합한 것으로 효소로 가수분해시키면 단맛이 강한 전화당이 된다.

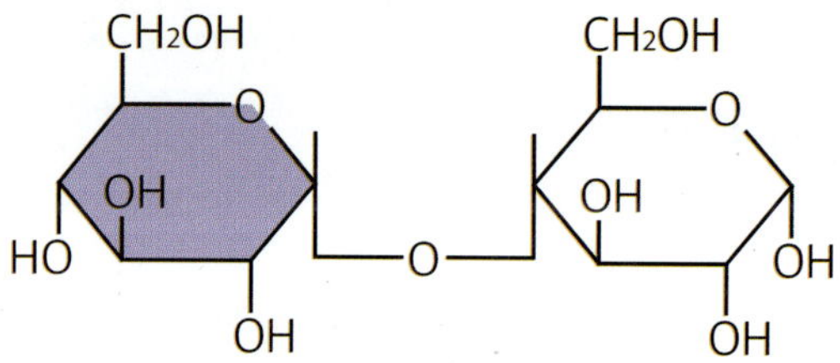

α-1,4 글리코사이드 결합

맥아당

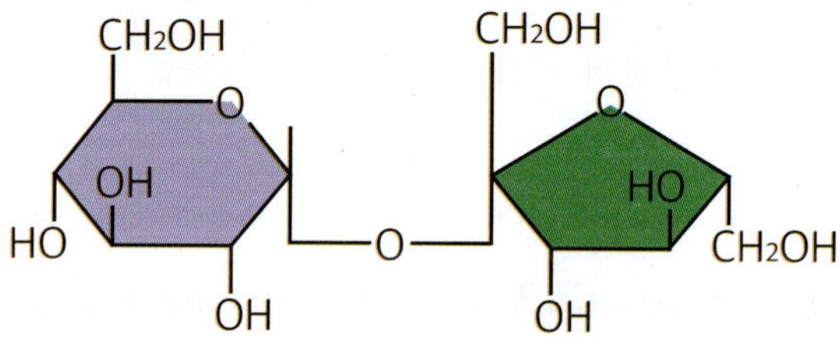

α-1,2 글리코사이드 결합

서당

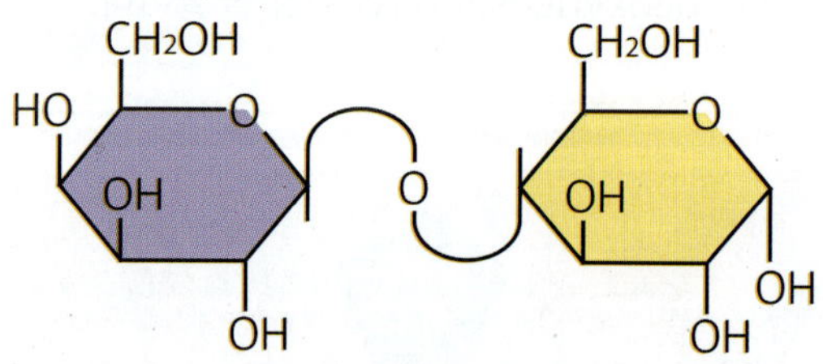

β-1,4 글리코사이드 결합

유당

그림 2-2 **이당류의 구조- 맥아당·서당·유당**

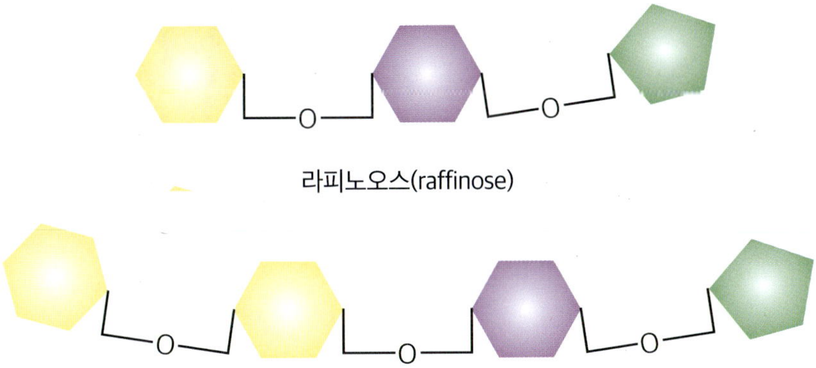

그림 2-3 올리고당의 구조

③ 유당(lactose): 포도당 1분자와 갈락토오스 1분자가 결합된 것으로 포유동물의 유즙에만 들어있으며 영유아의 뇌발달에 필수적인 갈락토오스를 제공하고 칼슘의 흡수를 증가시킨다. 장내 유익균인 유산균의 성장을 촉진하여 다른 잡균의 번식을 억제하므로 신생아나 영유아의 장건강에 도움이 된다.

(3) 올리고당류(소당류)

① 라피노오스(raffinose): 갈락토오스-포도당-과당으로 구성되어 있다. 콩류 등에 있다.

② 스타키오스(stachyose): 갈락토오스-갈락토오스-포도당-과당으로 구성되어 있다. 콩류 등에 많다.

(4) 다당류

1) 단순다당류

① 전분(starch)

포도당(D-glucose)의 중합체로 아밀로오스[amylose(α-D-glucose가 α-1,4결

그림 2-4 아밀로오스와 아밀로펙틴의 구조

합으로 이루어진 구조)]와 아밀로펙틴[amylopectin(α-D-glucose가 α-1,4결합으로 이루어지다가 α-1,6결합으로 가지를 친 구조)]으로 이루어져 있다. 효소 아밀라아제(amylase)에 의해 포도당(glucose)으로 분해된다. 알파 아밀라아제(α-amylase)는 α-1,4결합을 끊어 맥아당을 생성하며 베타 아밀라아제(β-amylase)는 비환원성 말단으로부터 α-1,4결합을 끊어 맥아당을 생성한다.

② 덱스트린(dextrin)

전분을 산, 효소, 열로 분해할 때 생성되는 분해생성물로 가용성전분, 아밀로덱스트린(amylodextrin), 에레트로덱스트린(erythrodextrin), 아크로덱스트린(achrodextrin)을 거쳐 말토덱스트린(maltodextrin)으로 분해된다.

③ 글리코겐(glycogen)

포도당(D-glucose)이 α-1,4결합에 α-1,6결합으로 가지를 치고 있으나 전분보다 가지가 더 많다. 동물의 에너지 저장형태(간 100g, 근육 250g)이다.

④ 셀룰로오스(cellulose)

포도당(D-glucose)이 β-1,4 결합으로 이루어진 구조이다. 인체내 소화효소가 없어 에너지원으로 사용 되지 않으나 장운동을 원활히 하여 배변을 촉진한다. 반

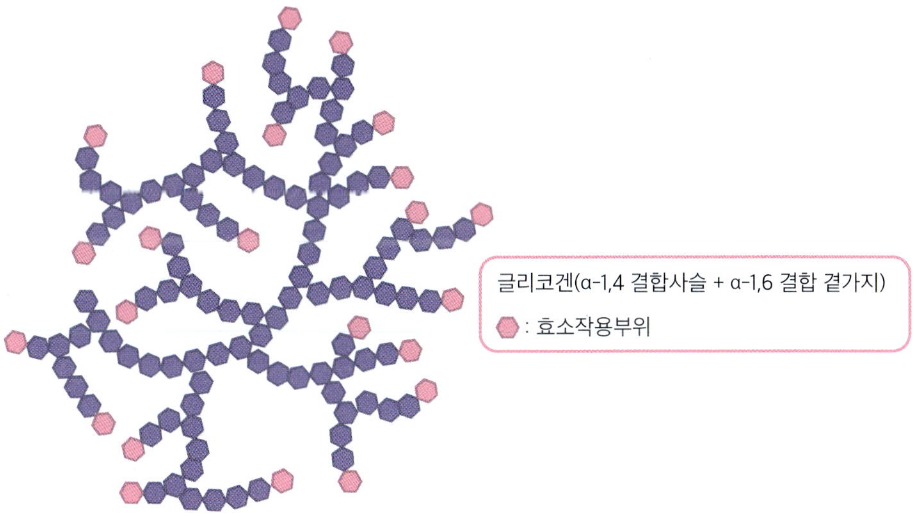

그림 2-5 **글리코겐의 구조**

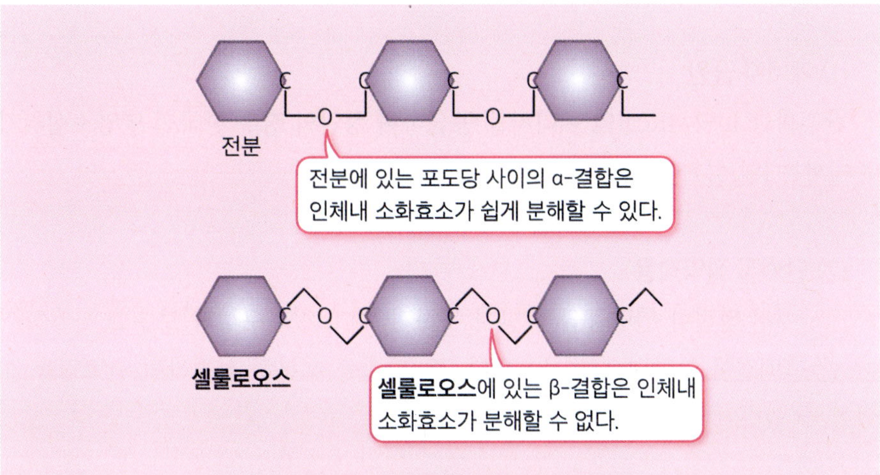

그림 2-6 **전분과 셀룰로오스의 차이**

추동물은 셀룰라아제(cellulase)가 있어 포도당으로 분해한다.

2) 복합다당류

① 한천(agar)

인체에는 소화효소가 없어 소화되지 않으며 연동운동을 촉진하여 분변 통과

시간을 단축시켜 변비를 예방한다.

② 헤미셀룰로오스(hemicellulose)

인체내 소화효소가 없어 소화되지 않으며 연동운동을 촉진하여 배변을 원활하게 한다. 비타민 B군의 장내 합성을 촉진하며 혈중 콜레스테롤을 저하시킨다.

③ 펙틴(pectin)

변비에 효과적이며 지방과 콜레스테롤의 흡수를 억제하며 과일, 채소류에 많다.

3. 탄수화물의 기능

(1) 에너지 급원

탄수화물 1g당 4Kcal의 에너지를 공급하며 성인의 경우 한국인 영양소섭취기준에서는 1일 섭취에너지의 55~65%를 권장한다.

(2) 단백질 절약작용

식사에서 적절한 열량공급을 받지 못하면, 체조직의 구성과 보수에 사용하여야 할 단백질이 열량원으로 사용된다. 즉, 당질을 충분히 섭취하면 단백질을 절약할 수 있다.

(3) 지질 대사의 조절

당질 섭취가 부족하게 되면 지방의 불완전 연소로 케톤체(ketone body)가 생성되어 산독증(ketosis)을 일으킨다. 지방의 완전연소를 위해서는 적어도 1일 100g 이상의 당질 섭취가 필요하다.

(4) 혈당 유지

정상인의 혈당은 0.1%로 거의 일정하게 유지되고 있다. 신장에서 포도당의 역치는 180 mg%이고, 그 이상이 되면 소변으로 당이 배설된다.

(5) 감미료

단맛을 제공하며 감미도는 설탕 100, 과당 170, 전화당 130, 포도당 74, 맥아당 33, 유당 16 이다.

(6) 섬유소의 공급

셀룰로오스(Cellulose), 헤미셀룰로오스(hemicellulose), 펙틴(pectin), 검(gum) 등을 공급한다. 장운동을 원활하게 하며 콜레스테롤 등의 흡수를 억제하여 동맥경화증, 이상지질혈증 등을 예방한다.

4. 탄수화물의 소화

고분자 화합물인 탄수화물을 체내에 흡수되기 쉬운 형태로 변화시키는 것을

표 2-1 탄수화물의 소화기관 및 작용

소화기관	효소	분비기관	작용
입	타액 아밀라아제	침샘	전분 → 맥아당, 덱스트린(dextrin)
위	없음		타액 아밀라아제의 활성이 저하된다. 연동운동 ⇒ chyme(유미즙) 형성
소장	췌장 아밀라아제	췌장	덱스트린(dextrin) → 맥아당
	말타아제 (maltase)	소장벽	맥아당 → 포도당+포도당
	슈크라아제 (sucrase)	소장벽	서당 → 포도당+과당
	락타아제 (lactase)	소장벽	유당 → 포도당+갈락토오스

소화(digestion)라고 한다. 단당류 이외의 탄수화물은 그 자체로는 흡수되지 못하므로 다당류, 이당류는 단당류로 가수 분해된다.

5. 탄수화물의 흡수

소화된 영양소가 소장 점막의 상피세포에서 체내로 들어가는 과정을 흡수(absorption)라고 한다. 당질의 흡수 형태는 단당류(포도당, 과당, 갈락토오스)이며 흡수율은 98%이다. 당질의 흡수 속도는 포도당의 흡수속도를 100으로 볼 때, 갈락토오스 110, 과당 43, 만노오스 19, 자일로오스 15이다. 당질의 흡수는 갈락토오스, 포도당은 능동 수송으로 과당은 촉진 확산으로 모세혈관 → 간문맥 → 간→간정맥 → 심장을 통해 전신으로 흡수된다.

알 | 고 | 가 | 기

세포막을 통한 영양소의 이동

① **단순확산** : 영양소의 농도가 높은 곳에서 낮은 곳으로 이동되는 방법으로 에너지가 필요없다. 운반체가 없이 흡수된다. 수용성·지용성 비타민, 대부분의 무기질 등이 단순확산으로 흡수된다.

② **촉진 확산**: 운반체에 의해 이동되어 흡수된다. 과당이 촉진확산에 의해 흡수된다.

③ **능동수송** : 영양소의 농도가 낮은 곳에서 높은 곳으로 이동되어 흡수되는 것으로 에너지와 운반체에 의해 이동된다. 포도당, 갈락토오스, 아미노산, 철, 비타민 B_{12}등이 능동수송으로 흡수된다.

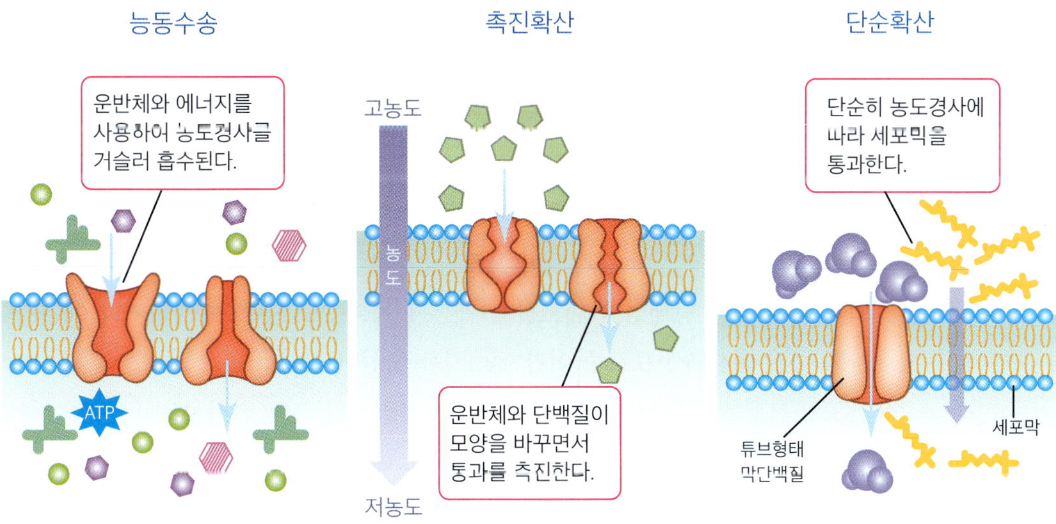

그림 2-7 **영양소의 흡수기전**

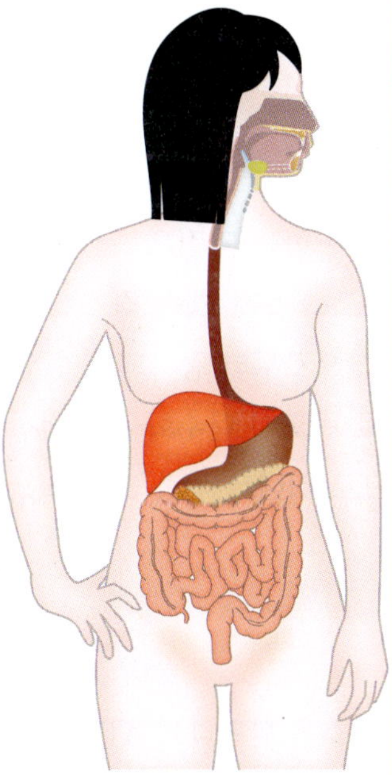

소화장소	소화효소 분비기관	소화효소	소화산물
구강	침샘	타액 아밀라아제	
위		위산	위산이 타액 아밀라아제 불활성화
소장	췌장	췌장 아밀라아제	
	소장	말티아제 슈크라아제 락타아제	
대장	장내세균		짧은사슬 지방산 / 가스

그림 2-8 **탄수화물의 소화**

6. 탄수화물의 대사

각 조직세포가 활동하고 작용하기 위해서는 열량이 필요하며 이러한 세포의 에너지 공급원은 주로 포도당으로 에너지 대사에 의해 열량이 발생한다. 혈당이 저하되면 에너지 대사를 위해서 다른 급원에서 포도당이 충당되는데 맨 먼저 간에 저장된 글리코겐이 분해되어 포도당을 보충한다. 저장지방과 단백질이 분해되어서 지방산, 당생성 아미노산과 케톤체 등이 포도당을 합성하거나 에너지대사의 중간 대사과정으로 들어가 에너지를 생성한다.

포도당은 해당과정, TCA회로, 전자전달계를 거치면서 고에너지화합물인 ATP(아데노신 삼인산)를 생성한다.

(1) 해당과정

포도당(C6)이 2분자의 피루브산(C3)으로 전환되는 과정으로 산소가 필요 없으며 2분자의 ATP를 이용하고 4분자의 ATP를 생성한다.

(2) TCA 회로(크랩스 회로)

피루브산(C3)이 아세틸 CoA를 형성한 후 시트르산 회로(트리카복실산회로)로 들어가 수소를 유리시켜서 전자전달계로 전달되도록 하는 과정으로 아세틸 CoA 공급과 옥살로아세트산의 공급이 이루어져야 TCA회로가 계속 작용한다. 아세틸 CoA는 포도당뿐만 아니라 지방산과 아미노산으로부터 공급되는 반면 옥살로아세트산은 식이의 포도당으로부터 공급되므로 반드시 탄수화물을 적정량 섭취하여야 열량대사가 원활히 이루어진다. 그러므로 식이로서 하루에 100g 정도의 탄수화물은 섭취해야 한다.

(3) 전자전달계

에너지 생성의 마지막 단계로 전자전달계를 거쳐 산소를 환원하여 ATP와 물을 합성한다. 한 쌍의 수소가 호흡연쇄상을 거쳐 세 분자의 ATP를 합성한다. 에너지대사에서 산소공급은 필수적이며 산소가 부족하면 에너지 생성이 적어진다.

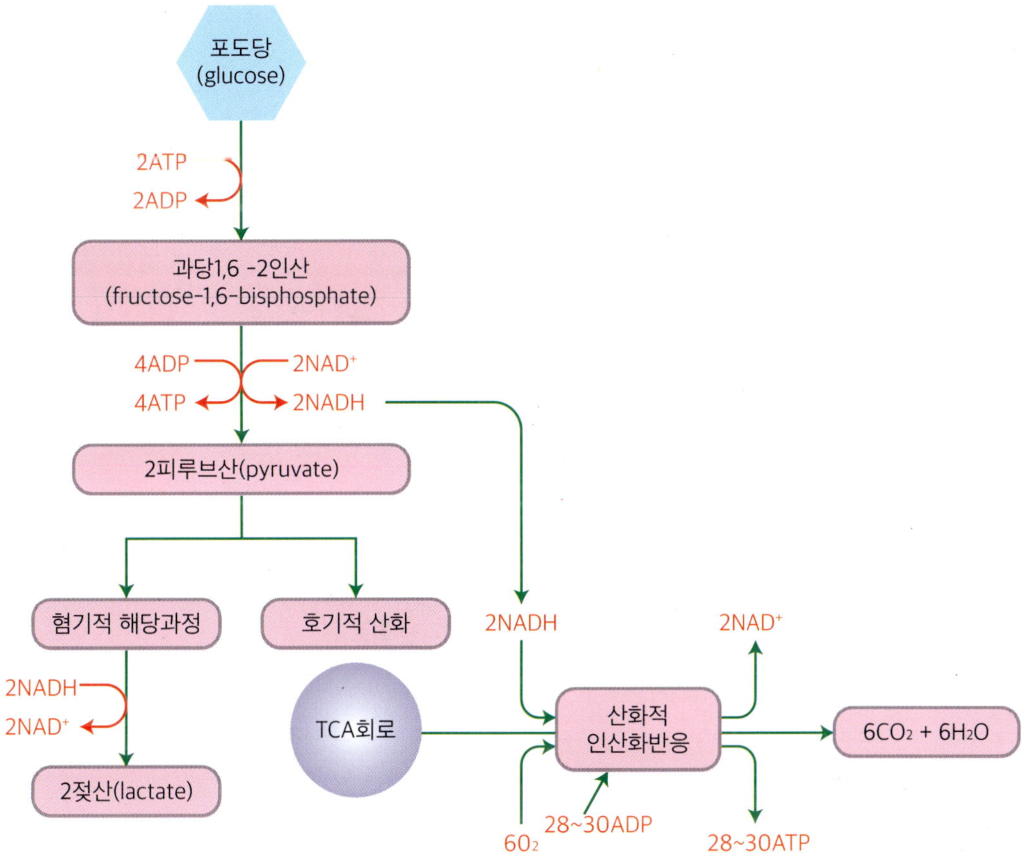

그림 2-9 포도당으로부터 에너지 생성 과정

(4) 글리코겐의 합성과 분해

글리코겐의 합성과 분해는 주로 간과 근육에서 서로 다른 대사경로를 통해 일어난다. 식사후 에너지가 충분한 상태에서 남은 여분의 포도당은 간 또는 근육에서 글리코겐의 형태로 전환되어 간에 100g, 근육에 250g정도 저장된다. 포도당이 부족하여 혈당이 떨어지면 간 또는 근육에 저장되어 있던 글리코겐이 포도당으로 전환되어 에너지원으로 이용된다.

근육에는 글리코겐의 분해과정 시 포도당-6-인산에서 포도당으로 전환하는 과정에 필요한 효소가 없기 때문에, 근육에 에너지를 공급해 줄 수는 있지만 혈

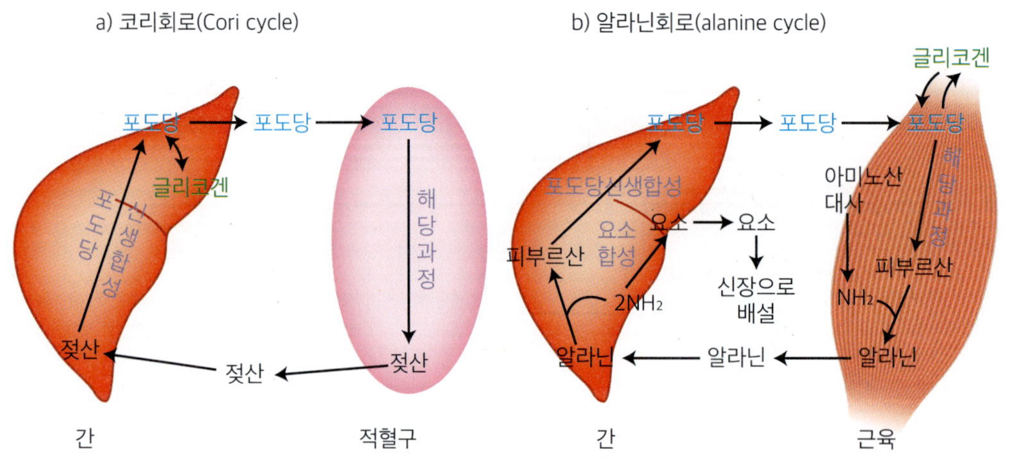

그림 2-10 코리회로와 알라닌 회로

당을 직접적으로 올려주지는 못한다.

(5) 당신생작용

당 이외의 물질, 즉 아미노산·글리세롤·피루브산·젖산 등으로부터 포도당이 합성되는 과정을 말하며, 주로 간과 신장에서 일어나며 세포질 내에서 해당과정과는 별도의 경로를 통해 이루어진다. 적혈구·뇌·신경세포 등은 포도당을 주요 에너지원으로 사용하므로 탄수화물 섭취가 부족한 경우 당신생작용이 일어나 체내의 포도당 요구량을 보충한다.

코리 회로는 근육이나 적혈구에서 생성된 젖산을 간으로 운반하여 포도당을 생성하는 것을 말하며, 알라닌 회로는 근육에서 에너지생성에 쓰인 피루브산이 아미노산대사에서 나온 아미노기와 함께 알라닌 형태로 간으로 운반되어 다시 포도당을 생성하는 것을 말한다.

7. 혈당의 조절

혈당의 급원은 식사로부터 섭취하는 포도당, 간의 글리코겐이 분해되어 생성된 포도당, 당신생을 통해 만들어진 포도당 등이다. 공복시 정상혈당농도는 70-100mg/dL, 고혈당은 공복시 혈당 140-150mg/dL이상, 저혈당은 공복시 혈당이 40mg/dL 이하이다. 정맥혈당 농도가 170-180mg% 이상이면 소변으로 당이 배설된다.(신장의 당 배설 역치 : 180mg/dL 이다.) 적절한 포도당 양이 부족하거나 장기간 기아상태 및 에너지 사용이 많을 때에는 아미노산 등이 당신생작용을 거쳐서 포도당을 생성하여 열량을 제공한다.

혈당을 정상으로 유지하기 위해서 인슐린과 글루카곤이 길항적으로 작용한다. 인슐린은 췌장 랑게르한스섬의 베타세포에서 식후 혈액 중의 혈당이 높아지면 분비되어 혈당을 낮추며 혈당이 낮을 때는 췌장의 알파 세포에서 글루카곤이 분비되어 혈당을 높힌다. 성장호르몬과 티록신, 글루코코티코이드 호르몬, 아드레날린은 혈당을 높힌다.

표 2-2 혈당조절호르몬

호르몬	분비기관	작용			
		혈당	글리코겐	glucose 산화	당신생
인슐린	췌장 베타세포	↓ 저하	↑ 합성	↑ 촉진	↓ 억제
글루카곤	췌장 알파세포	↑ 상승	↓ 분해	↓ 억제	↑ 촉진
에피네프린	부신수질	↑ 상승	↓ 분해	↑ 촉진	↑ 촉진
글루코코르티코이드	부신피질	↑ 상승	↑ 합성	↓ 억제	↑ 촉진
갑상선호르몬	갑상선	↑ 상승	↓ 분해	↑ 촉진	↑ 촉진
성장호르몬	뇌하수체 전엽	↑ 상승			

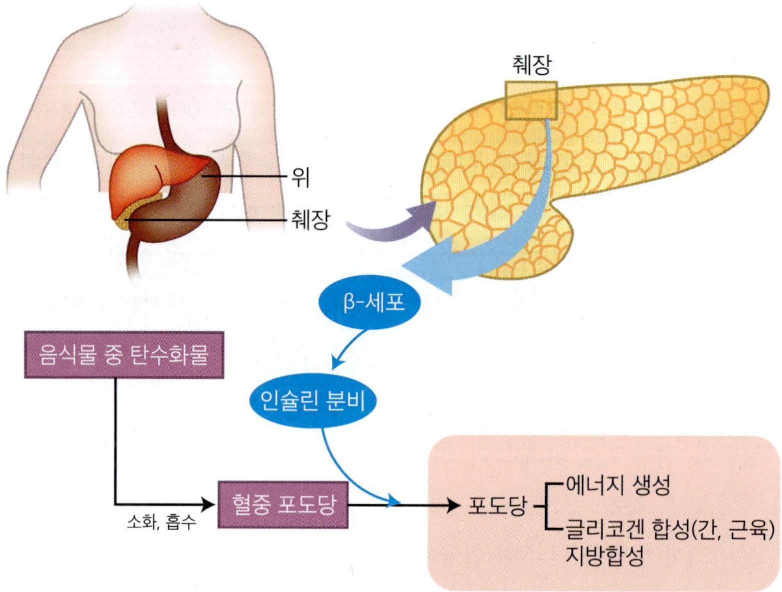

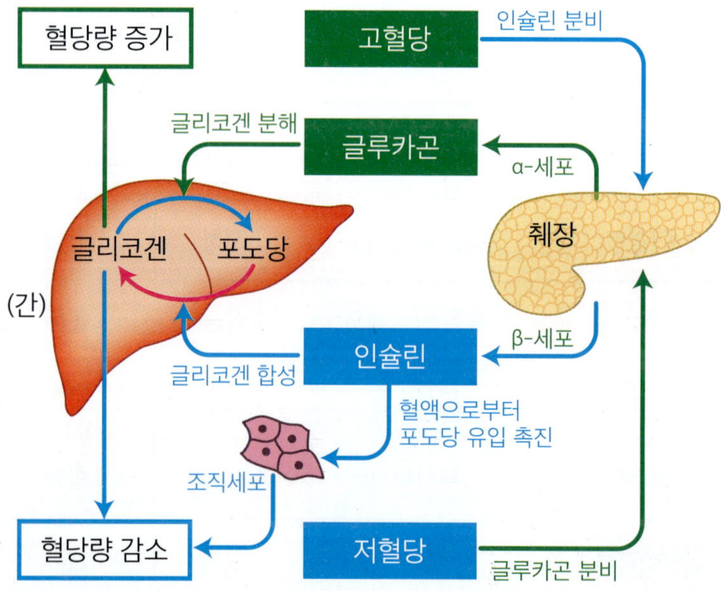

그림 2-11 **혈당 조절기전**

8. 식이섬유소(Dietary fiber)

사람의 체내 소화효소에 의해 가수분해 되지 않는 고분자 화합물을 말한다.

(1) 식이섬유소의 종류

① 불용성식이섬유

셀룰로오스(Cellulose), 헤미셀룰로오스(hemicellulose), 리그닌(lignin), 키틴(chitin)등이 있으며 세포벽을 구성하고 장 내용물의 장내 통과시간을 단축하여 배변을 용이하게 한다. 포도당의 흡수를 지연시키며 장내 세균에 의한 발효 및 인체에 유익한 균의 증식을 돕는다. 통밀, 고구마, 감자, 현미, 시금치, 부추, 브로콜리, 양배추, 강낭콩, 팥, 대두, 두부, 호박, 옥수수 등 식물의 세포벽에 함유되어 있다.

② 수용성식이섬유

식물성 검, 해조다당류, 펙틴 등이 있으며 음식물의 소장으로의 이동을 느리게 하여 포만감을 준다. 혈중 포도당 수준을 저하시키며 콜레스테롤의 흡수를 억제한다. 인체에 유용한 세균의 장내 증식을 돕는다. 아이스크림, 과자류에 첨가된 구아 검, 아라비아 검, 미역, 다시마, 한천, 귤, 사과, 근채류, 살구, 청국장, 토란, 키위, 사과, 바나나 등 과일과 양상추, 브로콜리, 오이, 당근, 무 등에 들어 있다.

(2) 식이섬유소의 생리기능

포만감이 있어 비만인들에게는 체중조절효과가 있으며, 정장작용, 대장암 예방, 혈중 콜레스테롤의 저하, 포도당의 흡수를 억제하여 혈당이 급격하게 상승하는 것을 막아 당뇨병을 예방할 수 있으며 치료에 도움이 된다. 그러나 영양소의 흡수를 방해하며, 복부 팽만감(불편함) 등을 유발할 수 있다.

(3) 영양섭취기준

성인 30~39세 남자는 29g, 여자는 23g을 충분섭취량으로 정해 권장하고 있다.

표 2-3 식이섬유소와 질병

질병	역할	체내작용
당뇨병	공복 혈당을 낮춤. 인슐린 필요량 감소시킴. 인슐린 예민도 증가. 식후 고혈당증 예방	위장 비우는 속도 완만, 소장에서 펙틴, 검 등은 탄수화물을 감싸 겔 상태로 만듦 탄수화물 흡수속도를 느리게 함
비만	포만감 증가, 영양소 체내 이용률 저하, 영양밀도 감소,	음식물을 씹고 삼키는 데 시간 필요, 지방 배설량 증가, 고섬유소 식사로 탄수화물 흡수 방해, 대장 통과시간 단축,
동맥경화증	담즙산의 재순환 방해, 혈중 콜레스테롤 감소	콜레스테롤과 결합하여 흡수 저해
대장암	발생 저하	유독물질, 발암물질 등을 빨리 통과시킴
게실증, 변비	장벽내압 높아져 통과속도빨라짐	대장의 통과시간 단축, 보습력이 높아져 변 부드러워짐.

(4) 올리고당

3~10개의 단당류로 이루어진 당단백질이나 당지질의 구성성분으로 세포내에서는 주로 생체막에 부착되어 있고, 소포체와 골기체 등의 분비형 단백질과 결합되어 있다. 콩류에 있는 올리고당인 라피노스와 스타키오스는 사람의 소화효소로는 소화가 되지 않으며 대장에 있는 박테리아에 의해 분해되어 가스와 그 부산물이 생성된다.

> 알 | 고 | 가 | 기
>
> **프락토올리고당 (fructooligosaccharides)**
>
> 장내 세균 중 유익한 균총인 비피도박테리아 (bifidobacteria)를 선택적으로 활성화해 장 건강을 유지시킨다. 유제품과 유아식품 등에 이용된다. 기능성 올리고당류로는 이소말토올리고당 (isomaltooligosaccharides)과 갈락토올리고당 (galactooligosaccharides) 등이 있으며 기능성식품 등에 이용되고 있다.

9. 탄수화물과 건강

① 비만: 정제된 당질 식품이나 설탕, 설탕이 많이 함유된 식품 등을 많이 섭취하면 소비되고 남은 당은 지방으로 저장되어 비만이 될 수 있다.

설탕이 건강에 미치는 영향

설탕 섭취는 영양 손실, 충치, 그리고 비만과 당뇨병 등 여러 질환 유발과 관련된다. 최소로 가공된 자연식품을 섭취하지 않고 설탕이 첨가된 가공식품을 섭취할 경우 영양소 손실이 발생한다. 예를 들어 과자와 청량음료를 먹는다면 우리는 많은 양의 중요 영양소를 잃게 된다. 설탕이 첨가된 음식과 음료수는 칼로리(empty kcal)만 있고 영양소는 부족하다. 충치(dental caries)는 농축된 사탕이나 끈끈한 탄수화물의 섭취와 관련이 있다. 설탕은 치석(plaque)의 생성을 촉진하는 박테리아의 성장을 도우며 치석은 충치(tooth decay)를 유발한다. 끈끈하며 단 음식은 단맛이 나는 액체보다 충치 발생률이 높다. 적절한 치아위생은 치석생성을 낮추고 치아건강에 도움이 된다.

설탕이 많이 첨가된 음식은 지방전환률이 높아 비만의 위험이 높다. 지방은 고에너지 농축 영양소이기 때문에, 지방 섭취는 설탕 섭취보다 비만을 유발할 위험성이 높다.

설탕 섭취와 제2형 당뇨병의 발병 위험성과의 관계는 아직 확인되지 않았으나 당뇨병일 경우 인슐린 요구도를 조절하기 위해서 농축된 단 음식의 섭취를 줄여야 한다.

2015년 한국인 영양소 섭취기준 (Dietary Reference Intake for Koreans, DRI)에서는 한국인의 1일 당류 섭취기준에서 총당류 섭취량은 총 에너지섭취량의 10-20%로 제한하고, 특히 식품의 조리 및 가공 시 첨가되는 첨가당은 총 에너지섭취량의 10% 이내로 섭취하도록 권고하고 있다. 첨가당의 주요 급원으로는 설탕, 액상과당, 물엿, 당밀, 꿀, 시럽, 농축과일주스 등이 있다.

② 당뇨병 : 당뇨병은 인슐린이 부족하거나 효율적으로 이용되지 않아 고혈당과 당뇨가 나타나는 만성대사 질환으로 정제된 당의 과잉 섭취로 인한 체중 과다와 비만으로 인해 발생하는 경우가 많다.

③ 유당불내증(lactose intolerance) : 선천적으로 유당분해효소인 락타아제(lactase)가 결핍되어 우유나 유제품이 소화되지 않아 복부 경련, 배에 가스가 차 불편함 등의 증상을 유발하는 것으로 동양인에게 많다.

10. 탄수화물의 영양섭취기준

총 섭취열량에서 탄수화물 섭취가 차지하는 비율은 19세 이상 성인은 55~60%가 적당하고, 잡곡 등의 복합탄수화물 섭취를 권장한다. 탄수화물은 케톤증을 예방하기 위해 하루 50~100g정도는 섭취해야한다.

11. 탄수화물의 급원식품

탄수화물은 대부분 식물성 식품에 함유되어 있으며 곡류, 감자류, 콩류, 과일, 채소류와 서당류가 주요급원이다. 복합탄수화물로 섭취하는 것이 바람직하다.

| 주 | 요 | 용 | 어 |

글루카곤(glucagon) 간에서 글리코겐을 포도당으로 분해해 방출시키는 췌장 호르몬

글리코겐(glycogen) 간과 근육에 저장되어 있는 탄수화물

당뇨병(diabetes mellitus) 인슐린 저항성이 원인이 된 고혈당증으로 특징되는 탄수화물 대사장애

다당류(polysaccharides) 여러 개의 단당류가 결합하여 이루어진 당. 식품의 전분, 섬유소, 간과 근육의 글리코겐

단당류(monosaccharides) 하나의 단순당 단위로 이루어진 당. 포도당, 과당, 갈락토오스

단순당(simple carbohydrates) 단당류와 이당류

복합 탄수화물(complex carbohydrates) 전분과 섬유소로 대표되는 다당류

불용성 식이섬유소(insoluble dietary fiber) 액체에서 용해되지 않는 식이섬유소

식이섬유소(dietary fiber) 인체에서 소화되지 않는 식물성 식품에 포함된 탄수화물(다당류)과 리그닌(lignin)

이당류(disaccharides) 두개의 단순 당 단위가 결합하여 이루어진 당. 서당, 맥아당, 유당

| 복 | 습 | 하 | 기 |

1. 탄수화물의 체내 대사와 작용에 대한 설명으로 적절한 것은?

① 탄수화물은 소화, 흡수되지 않고 그대로 배설된다.

② 탄수화물은 대부분이 열량원으로 사용되고 남은 것은 지방으로 전환된다.

③ 탄수화물이 포도당으로 분해된 후 모두 단백질로 합성된다.

④ 탄수화물은 간과 근육내 전분으로 저장되어 열량원으로 사용된다.

2. 신체의 주 에너지원이며 영양상 가장 중요한 단당류로서 혈당에 함유되어 있는 성분은?

① 맥아당

② 과당

③ 갈락토오스

④ 포도당

3. 식이섬유소는 일정량 섭취하여야 하는 다당류의 일종이다. 식이섬유소의 체내작용으로 적절치 않은것은?

① 식이섬유소는 연동작용을 촉진하여 대변의 배설을 촉진한다.

② 식이섬유소는 중요한 에너지원이다.

③ 식이섬유소는 주요 식물의 세포막을 이루는 주성분이다.

④ 식이섬유소는 물을 흡수하여 대변의 장통과 시간을 줄여준다.

4. 탄수화물은 우리가 섭취하는 열량의 60% 이상을 차지하나 체내에는 소량 존재한다. 그 설명으로 적절한 것은?

① 탄수화물은 거의 열량원으로 쓰이고 남은 것은 지방으로 전환되어 저장 된다.

② 탄수화물은 소화 · 흡수율이 낮아서 소량만이 에너지원으로 사용된다.

③ 탄수화물은 간, 근육 및 지방조직에 글리코겐 형태로 저장된다.
④ 탄수화물은 모두 지방과 단백질로 전환되어 에너지원으로 사용 된다.

5. 식후 30분이 지나면 혈당이 급격히 상승한다. 이때 분비되어 혈당을 각 세포로 들어가게 하며, 혈당을 적정수준으로 만드는 호르몬은?
① 글루카곤
② 인슐린
③ 티록신
④ 아드레날린

6. 탄수화물을 너무 적게 섭취하거나 당뇨병이 심하거나 지방위주의 식사를 계속하면 혈액 내 높아지는 산성물질과 이를 예방하기 위하여 하루에 반드시 섭취해야 하는 최소 탄수화물 양은?
① 케톤체 - 300~400g
② 케톤체 - 60~100g
③ 젖산 - 200~300g
④ 젖산 - 10~30g

7. 유당은 동물의 유즙에만 들어있는 이당류이다. 유당불내증 환자에게 부족한 효소명은?
① 락타아제
② 말타아제
③ 아밀로오스
④ 디아스타제

정답과 힌트

1. ②

탄수화물은 위, 소장을 거쳐 소화, 흡수되어 단당류로 분해된다. 식사 후 여분의 포도당은 간 또는 근육에서 글리코겐의 형태로 전환되어, 체내에 포도당이 부족하여 혈당이 떨어지거나, 신체에 필요한 에너지를 공급하지 못할 때에 글리코겐이 포도당으로 전환되어 에너지원으로 이용된다.

2. ④

포도당은 영양상 가장 중요한 단당류이다. 사람의 혈액에는 포도당의 형태로 당질이 존재하며, 이를 혈당이라고 한다. 혈당 농도는 약 0.1%이다.

3. ②

섬유소는 영양적 가치는 작으나 생리적으로 아주 중요하다. 섬유소는 소화관을 자극하여 연동작용을 촉진시키며 대변의 배설을 촉진시킨다. 섬유소는 주로 식물 세포막을 이루는 주성분이며, 물에 녹지는 않으나 물을 흡수하는 성질이 있다. 따라서 섬유소를 적당량 섭취하면 대변의 수분을 유지해 주며, 대변의 장 통과 시간을 줄여 준다.

4. ①

식사 후 에너지가 충분한 상태에서 남은 여분의 포도당은 간 또는 근육에서 글리코겐의 형태로 전화되어 저장된다. 성인의 경우 일반적으로 간에 100g 정도, 근육에 250g 정도 저장할 수 있다. 탄수화물은 다량 섭취하여도 거의 모두 열량원으로 사용되며, 쓰고 남은 열량원은 지방으로 전환되어 주로 지방조직에 축적된다.

5. ②

혈액에 함유된 혈당은 약 0.1%로 공복혈당은 70~100mg/ml 정도이다. 체내에 포도당이 부족하여 혈당이 떨어지거나, 신체에 필요한 에너지를 공급하지 못할 때에는 다른 급원에 의해서 이루어진다. 먼저 간 또는 근육에 저장되어 있던 글리코겐이 포도당으로 전환되어 에너지원으로 이용되며, 근육에 저장된 글리코겐은 포도당-6-인산으로 분해되어 해당과정과 TCA회로를 거쳐 에너지를 공급해 준다.

6. ②

체내는 탄수화물을 적게 섭취하거나 이용하지 못하면, 열량원으로 지질이나 단백질을 주로 사용하게 되어 체단백질의 소모가 일어나고, 지질대사의 중간산물인 케톤체가 혈액 중에 축적됨으로써 케톤증이 발생하는데, 이를 예방하기 위한 최소 탄수화물 섭취량은 50~100g이다.

7. ①

유당은 포유동물의 유즙에만 들어 있는 이당류이다. 유당은 영, 유아의 뇌 발달에 필수적인 갈락토오스를 제공한다. 체내에는 유당을 분해하는 락타아제가 있어 유당을 분해하는데 선천성 유당불내증 환자는 락타아제가 없어 유당을 이용하지 못하므로 발효유나 유당 제거유를 먹어야 한다.

Chapter 03

제 3 장

지질

학습목표

이 장을 학습함으로써

1. 지질을 분류하고 특성 및 기능을 알 수 있다.
2. 지질의 소화, 흡수, 대사과정에 대해 알 수 있다.
3. 필수지방산의 정의와 종류 및 기능에 대해 알 수 있다. .
4. 콜레스테롤의 체내 작용에 대해 알 수 있다.

1. 지질(lipid)의 정의

물에 녹지 않고 에테르(ether), 아세톤(acetone), 알코올(alcohol), 벤젠(benzene), 클로르포름(chloroform)등의 유기용매에 녹는 화합물로 탄수화물과 같이 탄소, 수소, 산소로 구성되어 있으나 배열과 조성이 달라 당질과는 전혀 다른 성질을 나타낸다. 당질, 단백질과 같이 생체 구성성분이며, 에너지 효율이 높다.

2. 지질의 분류

1) 화학적인 분류

① 단순지질 : 지방산과 알코올이 에스테르 결합으로 이루어져 있으며 중성지방과 왁스가 있다.

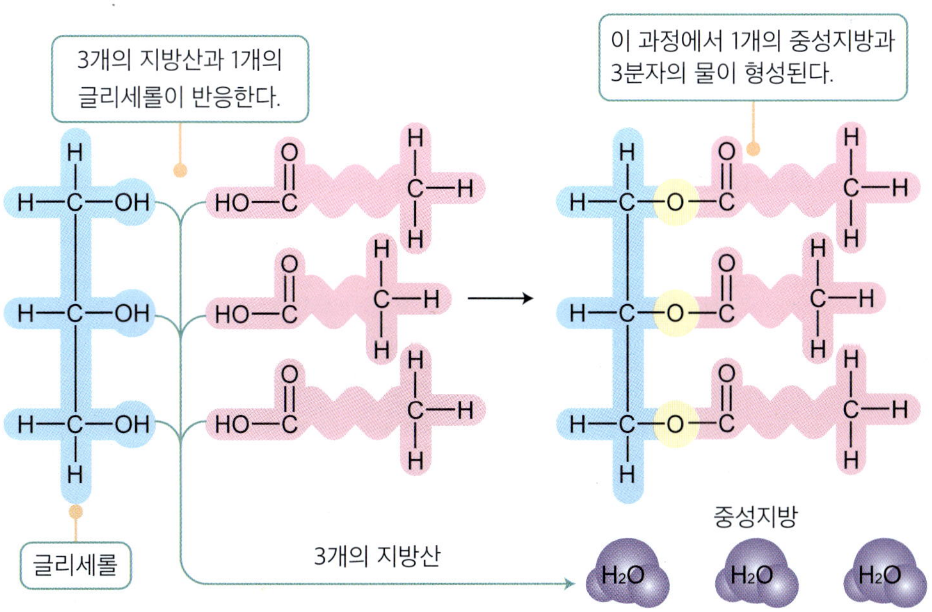

그림 3-1 중성지방의 구조

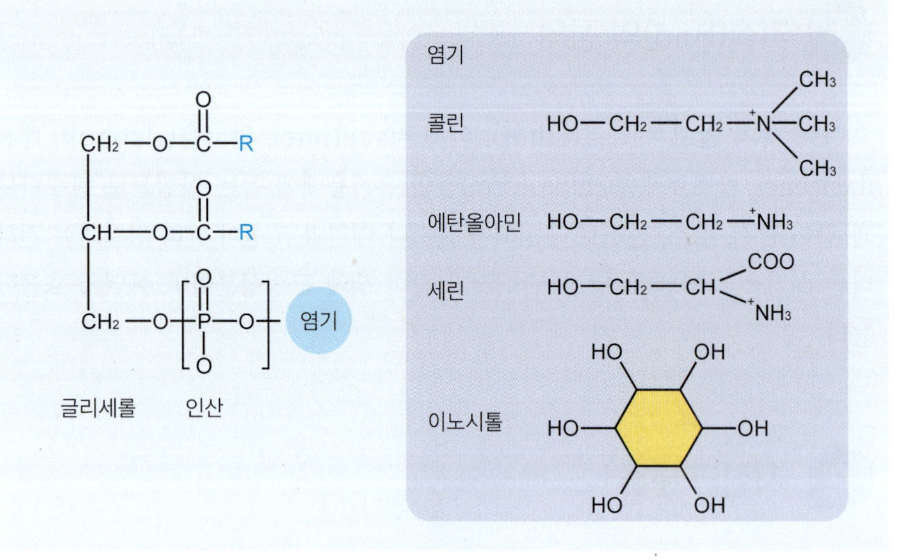

그림 3-2 인지질의 구조

② 복합지질 : 단순지질에 다른 성분이 결합된 것으로 인지질, 당지질, 지단백질이 있다.

③ 유도지질 : 스테롤이 있다. 콜레스테롤은 동물성 식품에만 존재하며, 뇌, 신경조직, 간 등에 많이 들어 있다. 체내에서 호르몬(성 호르몬, 부신피질 호르몬), 담즙산, 비타민 D 등의 전구체이다. 물에 녹지 않으며, 체내에서 아세틸-CoA로부터 1.5-2.0g 정도 합성된다. 비타민 D 전구체의 형태

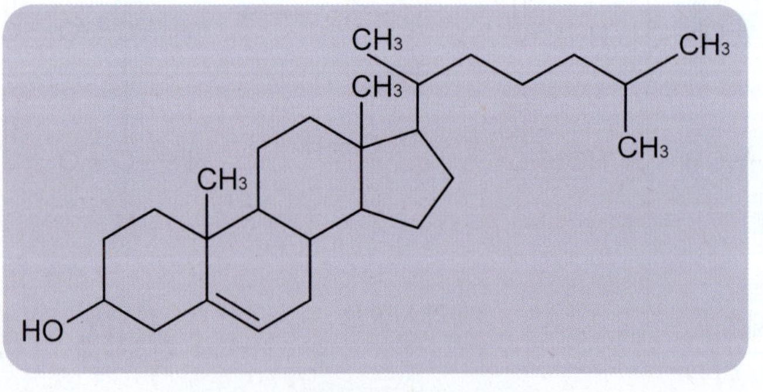

그림 3-3 콜레스테롤의 구조

7-dehydrocholesterol은 자외선을 받으면 비타민 D_3 로 전환된다. 간에서 분해되어 담즙산을 생성하며, 지질의 유화와 흡수에 관여한다. 에르고스테롤은 식물에 존재하는 스테롤로 효모나 표고버섯에 많으며, 체내에서 비타민 D_2 로 전환된다. 콜레스테롤에 비해 흡수율이 낮으나 혈중 콜레스테롤의 농도를 낮추는 작용이 있다.

3. 지방산 구조 및 분류

1) 지방산의 구조

지방산은 탄소원자가 길게 연결된 사슬로서, 한쪽 끝에 카르복실기(-COOH)를 다른 한쪽 끝에는 메틸기(-CH_3)를 가지고 있다. 자연계에 존재하는 지방산은 탄소수가 거의 짝수이다.

2) 지방산의 분류

(1) 탄소수에 의한 분류

탄소의 수는 4-22개 까지 다양하며 탄소의 수가 적은 지방산일수록 부분적으로 물에 녹기 쉽다. 예로 우유 중의 짧은사슬 지방산은 물에 녹기 쉽다.

① 짧은사슬지방산
- 탄소 수 4~6개
- 우유나 버터에는 부티르산이 들어 있어 독특한 향기성분을 이룸

② 중간사슬지방산
- 탄소 수 8~12개
- 코코넛 기름이나 합성지방 등에 함유

③ 긴사슬지방산
- 탄소 수 14이상

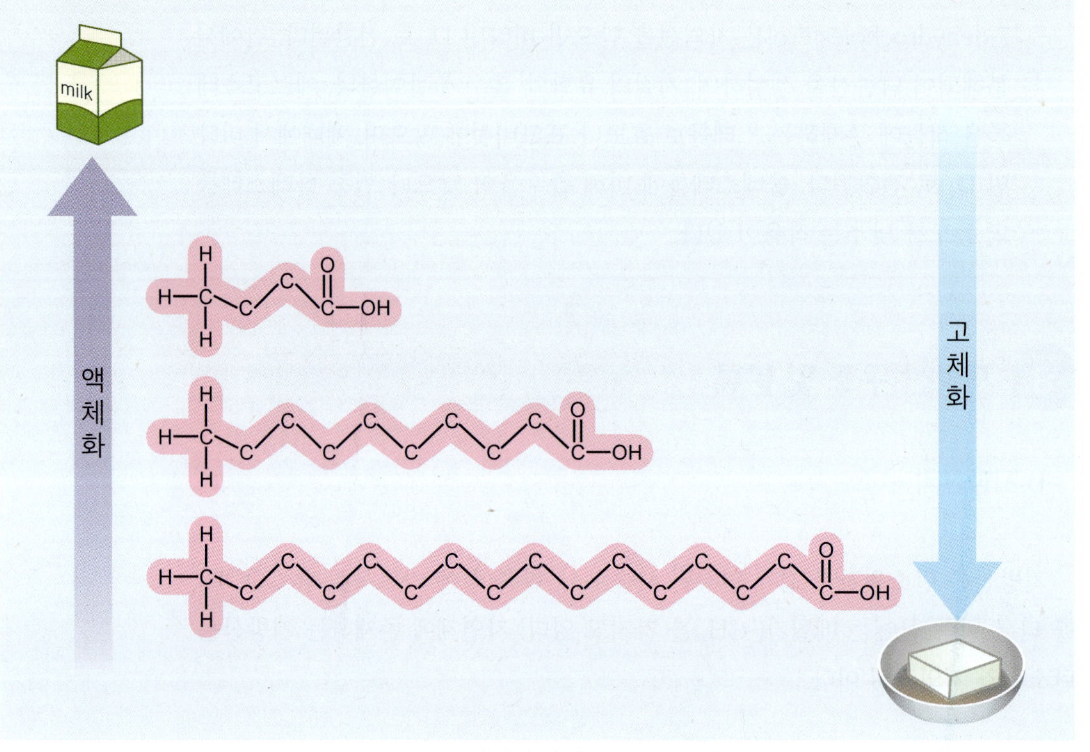

그림 3-4 지방산의 길이에 따른 고체화

- 종류: C_{16} 팔미트산
  C_{18} 리놀레산, 리놀렌산, 스테아르산
  C_{20}아라키돈산

3) 포화정도에 따른 분류

포화 지방산은 $C_nH_{2n}O_2$나 $C_nH_{2n+1}COOH$의 일반식으로 표시하며 탄소수가 증가함에 따라 물에 녹기 어렵고 융점이 높다. 천연유지 중에 함량이 많은 것은 팔미트산(palmitic acid)과 스테아르산(stearic acid) 이다.

불포화 지방산은 $C_nH_{2n-2x}O_2$의 일반식으로 표시되며 X는 불포화도를 나타낸다. 불포화 지방산은 탄소수가 같은 포화 지방산에 비해 융점이 낮아 소화가 잘된다.

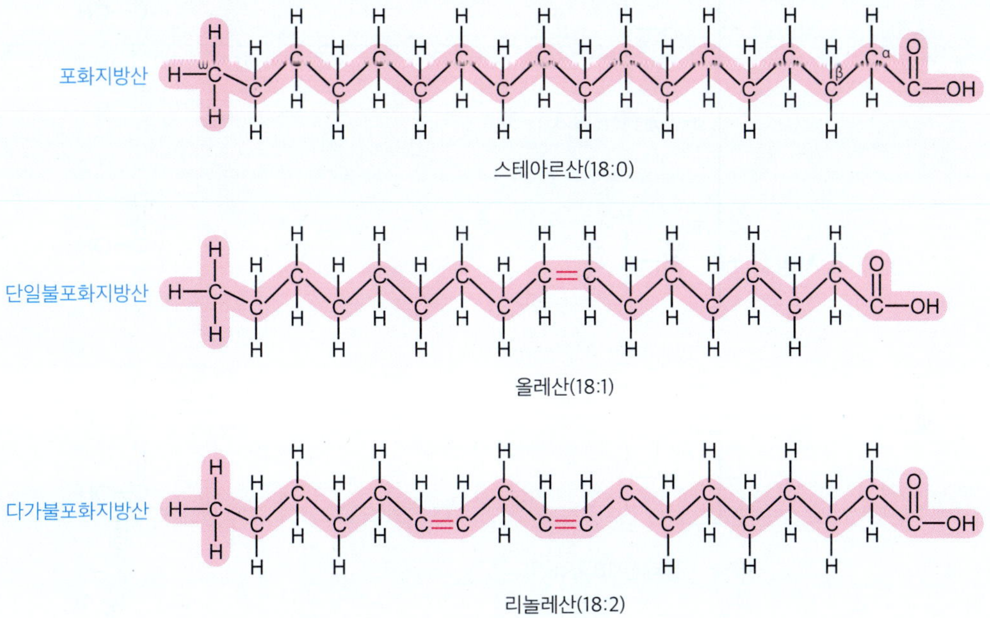

그림 3-5 **포화지방산과 불포화지방산의 구조**

불포화 지방산을 비교적 많이 함유할수록 상온에서 액체 상태이다. 단일 불포화 지방산(monounsaturated fatty acid, MUFA)은 이중결합이 한 개인 올레산이 대표적이다. 다가 불포화 지방산(polyunsaturated fatty acid, PUFA)은 이중결합이 두 개 이상 있는 지방산으로 불안정하여 공기 중에서 쉽게 산화된다.

4) 이중결합 위치에 따른 분류

오메가 지방산 : 지방산의 -COOH기로부터 마지막 위치의 탄소를 ω 탄소라 하며, 이 탄소를 기준으로 하여 첫 번째 이중결합이 나타나는 탄소의 위치에 따라 분류한다.

① 오메가 3(n-3) 지방산 : α-리놀렌산[linolenic acid(18:3)]은 들기름과 견과

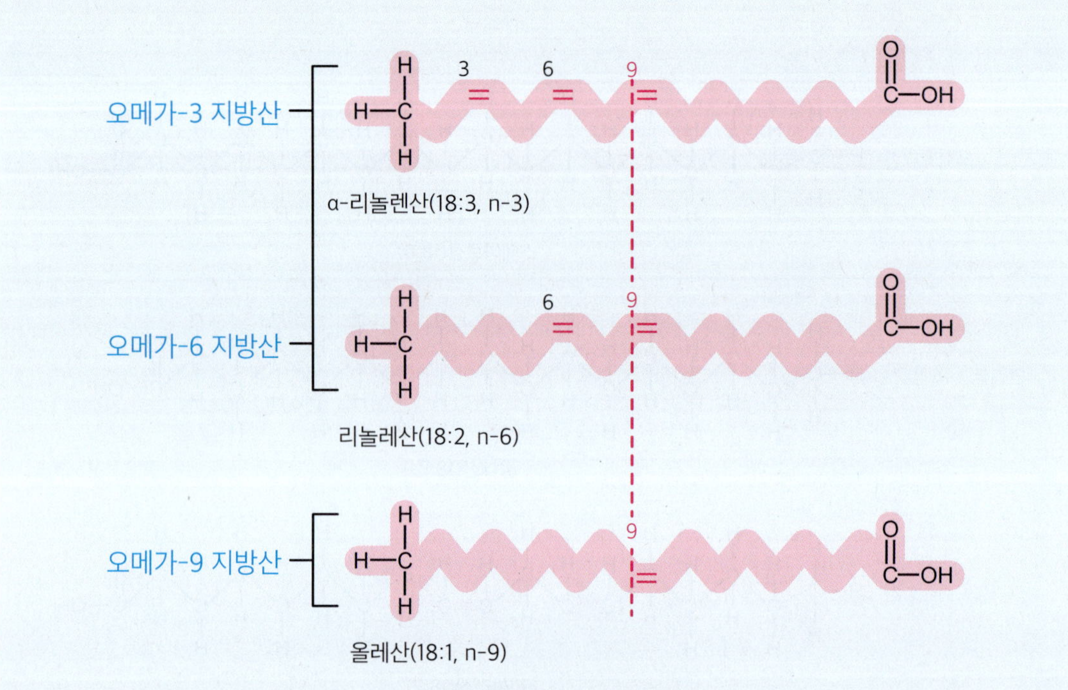

그림 3-6 **불포화지방산의 종류**

류에 함유되어 있다. EPA(20:5 eicosapentaenoic acid), DHA(22:6 docosahexaenoic acid)는 등 푸른 생선(참치, 꽁치, 고등어 등)에 많이 함유되어 있다.

② 오메가 6(n-6) 지방산: 리놀레산[linoleic acid(18:2)], 아라키돈산 [arachidonic acid(20:4)]이 있으며 콩기름, 옥수수기름 등 식물성 기름 등에 많이 함유되어 있다.

③ 오메가 9(n-9) 지방산: 올레산[oleic acid(18:1)]이 대표적이며 올리브 기름에 많이 있다.

5) 시스, 트랜스형

불포화지방산은 이중결합을 중심으로 좌우 탄소사슬의 모양에 따라 시스형과

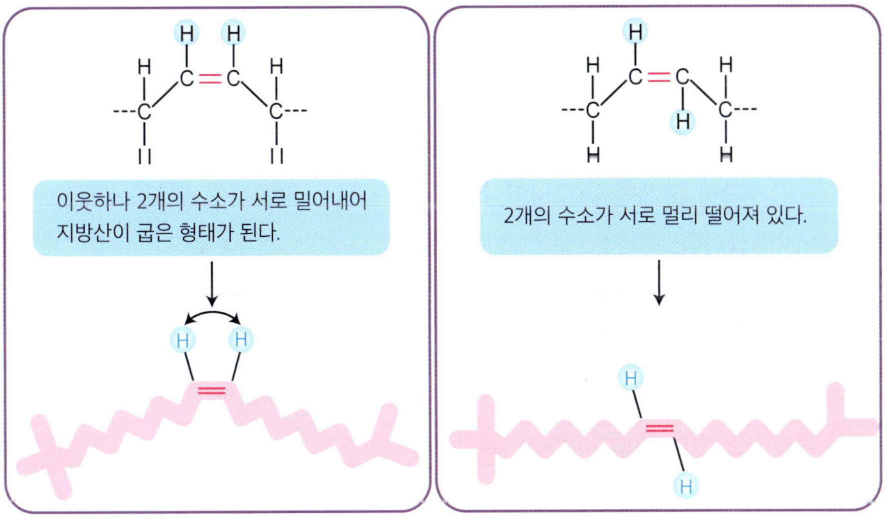

그림 3-7 시스지방산과 트랜스지방산의 차이

트랜스형으로 나눈다.

① 시스형

이중결합을 이루는 탄소 2개에 결합된 수소원자 2개가 같은 방향에 있어 지방산의 탄소사슬이 이중결합을 중심으로 굽어져 있는 모양을 나타낸다. 대부분의 자연식품에 함유된 불포화지방산은 이에 속한다.

② 트랜스형

표3-1 가공식품 중의 트랜스지방산 함량

종류	함량(%)	종류	함량(%)
쇼트닝 · 마가린	14.4	빵류	0.6
식용유지	1.0	햄버거	0.4
전자렌지용 팝콘	11.0	튀김류	0.3
비스킷류	1.6	햄버거류	0.4
초콜릿 가공품	2.1	피자	0.4
케이크류	2.5	튀김용 냉동감자	3.5
도넛	4.7	감자튀김	2.0

자료 : 식품의약품안전청, 2006

이중결합을 이루는 탄소 2개에 결합된 수소원자 2개가 서로 다른 반대 방향에 있어 지방산의 탄소사슬이 굽지 않고 똑바른 모양을 이루어 포화지방과 비슷한 성질을 나타낸다. 다가불포화지방산을 함유한 액체의 식물성 기름에 부분적으로 수소를 첨가하여 고체인 쇼트닝이나 마아가린 같은 경화유를 만드는 과정에서 생기는 지방산이다.

6) 체내 합성 유무에 따른 분류

① 필수지방산(essential fatty acid, EFA)

체내에서 합성이 되지 않거나 불충분하게 합성되어 반드시 식사로부터 매일 일정량을 섭취해야 하는 지방산으로 신체의 성장과 여러 생리기능을 정상으로 수행하기 위해 필요하다. 세포막이나 혈청 지단백질의 구성 성분이며 혈청 콜레스테롤의 감소, 동맥경화증의 예방과 치료에 효과적이다. 성장 촉진, 피부병 예방, 지방간을 예방한다. 에이코사노이드(eicosanoids : 프로스타글란딘 등)의 전구체이다. 부족하면 피부염, 성장 불량, 지방간 등의 증세를 보인다.

표3-2 필수지방산의 기능 및 급원

필수지방산	기능	급원
리놀레산[linoleic acid(18:2)]	항피부병 인자, 성장 인자	일반 식물성유(종실유)
α-리놀렌산[linolenic acid(18:3)]	성장 인자	들기름, 견과류
아라키돈산[arachidonic acid(20:4)]	항피부병 인자	동물의 지방

4. 지질의 기능

① 고에너지원으로 1g당 9kcal를 낸다. 비타민 B_1과 단백질 절약작용을 한다.

② 필수지방산인 리놀레산, 리놀렌산 등을 공급하며 지용성 비타민 A, D, E,

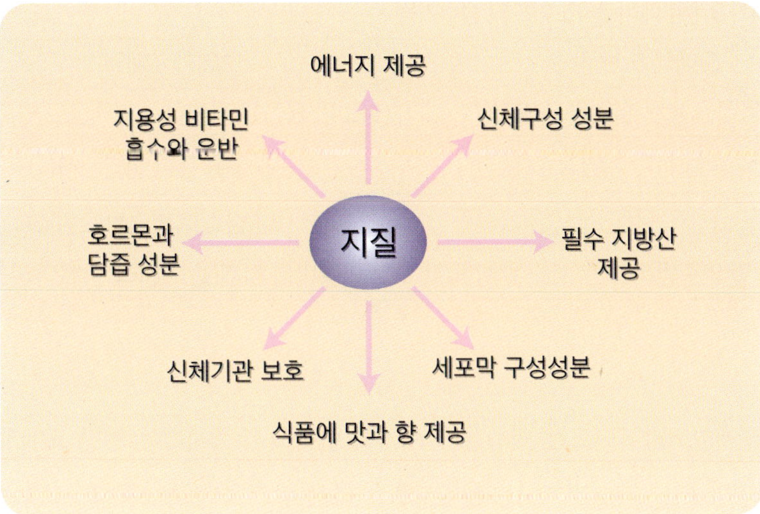

그림 3-8 지방의 기능

K의 흡수 및 운반에 관여한다.

③ 세포막, 신경 보호막의 구성 성분이다.

④ 열을 차단하는 단열재 효과가 있으며 체온을 유지해주며 생체기관을 보호한다.

⑤ 식품에 맛과 향을 제공한다.

5. 에이코사노이드(Eicosanoids)

에이코사노이드는 아라키돈산(오메가-6지방산)과 EPA(오메가-3 지방산)로부터 만들어진다. 리놀레산(오메가-6 지방산)은 오메가-6 에이코사노이드로 대사되며 α-리놀렌산(오메가-3 지방산)은 오메가-3 에이코사노이드로 대사된다. 에이코사노이드에는 트롬복산(thromboxanes), 프로스타글란딘(prostaglandins), 류코트리엔(Leucotrienes) 등이 있다. 에이코사노이드는 호르몬과 같은 작용을 하며 면역능력과 심혈관계를 조절하고 다양한 기능에서 화학적 메신저로 작용한다. 오메가-6 에이코사노이드와 오메가-3 에이코사노이드는 반대작용을 한다. 오

표3-3 오메가 6계열과 오메가 3계열 에이코사노이드의 생리기능

기능	오메가 6 계열	오메가 3 계열
혈액응고	혈소판 응집을 통한 혈액응고 촉진(↑)	혈소판 응집을 저해하여 혈액응고 억제(↓)
혈압	혈관수축을 통한 혈압상승(↑)	혈관확장을 통한 혈압저하(↓)
혈청지질		혈청지질 감소로 혈액점도 감소(↓)
염증반응	평활근 수축 및 염증반응 촉진(↑) → 천식 악화	염증반응 억제(↓) → 천식, 관절염 완화

메가-6 에이코사노이드는 염증을 일으키고 혈관을 수축시키는 반면 오메가-3 에이코사노이드는 염증반응을 덜 자극하고 혈관을 확장하는 작용을 하여 혈액응고를 억제한다. 두 종류의 에이코사노이드는 모두 건강을 위해 중요하며 신체는 생리적 요구에 따라 두 가지 에이코사노이드 사이의 균형을 변화시킨다. 식사는 체내에서 형성되는 에이코사노이드의 양과 형태에 영향을 줄 수 있다.

6. 지질의 소화와 흡수

1) 긴사슬지방산의 소화와 흡수

식품 중의 중성지방은 위에서 소량의 리파아제와 혼합되지만 지질 소화의 대부분은 소장에서 담즙과 리파아제에 의해 일어난다. 담즙은 간에서 합성되며 담낭에 농축저장 되었다가 지방 식품이 섭취되면 소장으로 분비된다. 담즙은 콜레스테롤, 레시틴 그리고 유화제로 작용하는 담즙산을 함유한다. 담즙은 중성지방을 소화효소의 작용을 받기 쉽도록 작은 지방구로 나누어 표면적을 넓혀주는 유화작용을 한다. 췌장에서 분비되는 리파아제는 중성지방을 모노글리세리세리드(MG)와 2개의 지방산으로 분해한다. 지질 분해물인 MG와 2개의 지방산은 담즙산염, 인산, 콜레스테롤과 함께 소장의 연동작용을 받아 미셀(micelle)을 형성하여 장벽세포까지 이동한다. 소장 점막세포에 다다르면 이 미셀에 있는 지방산과 MG는 소장세포로 쉽게 확산되어 들어가며, 담즙은 흡수되지 않고 소장관에 남

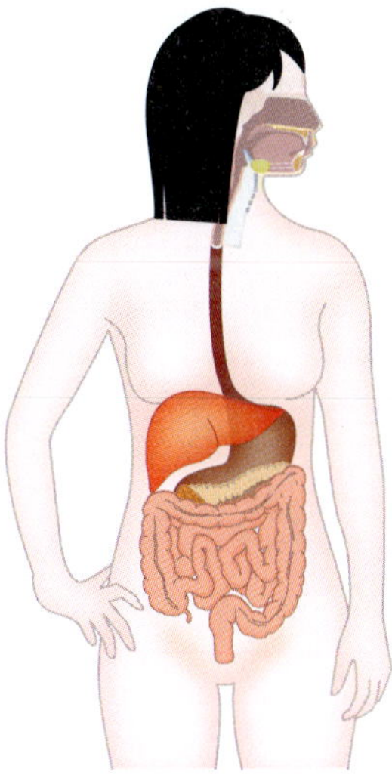

소화장소	소화효소 분비기관	소화효소	생성물질
구강	침샘	구강 리파아제	작은 지방구
위	위	위 리파아제	중성지방, 글리세롤 지방산
소장	췌장	췌장 리파아제	모노글리세라이드, 글리세롤, 지방산

그림 3-9 **중성지방의 소화**

아 있다가 회장에서 재흡수된다. 소장 점막세포 내에서 흡수된 지방산과 MG는 다시 에스테르 결합을 하여 중성지방(TG)을 형성한다. 중성지방은 콜레스테롤 에스터[cholesterol ester(CE)], 인지질, 아포단백질과 결합하여 카일로마이크론[chylomicron(유미미립)]을 형성한다. 카일로마이크론의 중심부에는 중성지방, CE 등이 존재하고 바깥부분에는 인지질과 단백질이 있어 수용성 용매인 혈장과 접하게 된다. 카일로마이크론은 림프관을 거쳐 흉관을 통과한 후 혈관계로 들어가 간이나 기타 조직으로 운반된다.

2) 중간사슬지방산의 흡수

중간사슬지방산(Medium Chain Fatty Acid)은 긴사슬지방산보다 물과 섞이기 쉬우며 담즙 없이 지방산으로 분해되고, 세포로 들어온 지방산은 다시 중성지방으로 재합성되지 않고, 그대로 모세혈관을 거쳐 바로 문맥을 통해 직접 간으로 들어간다. 중간사슬지방산은 체내에서 저장지방으로 축적되지 않고, 거의 모두가

에너지원으로 이용된다. 그러므로 중간사슬지방산은 비만이나 지방간의 예방 및 치료에 이용될 뿐만 아니라, 담즙의 분비가 나쁜 환자나 간 및 췌장 질병환자 등의 병인식으로도 이용된다.

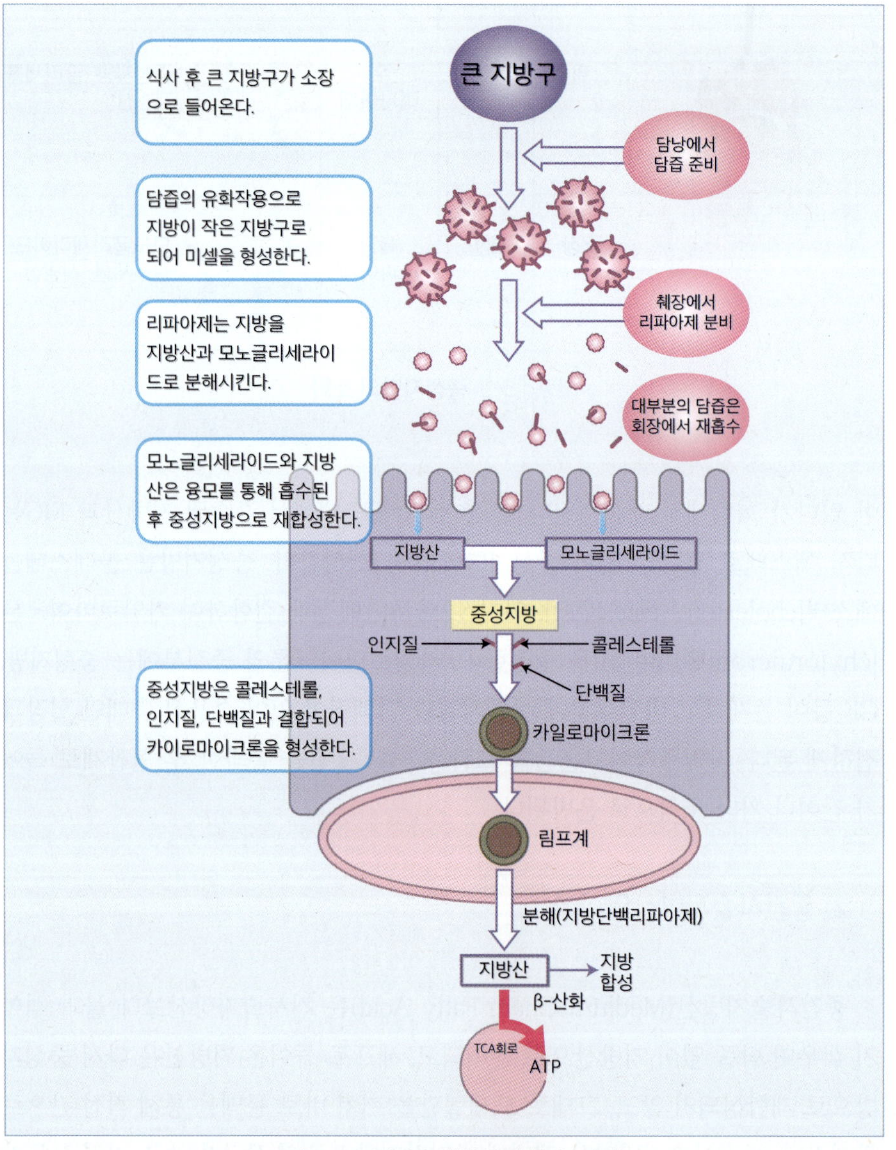

그림 3-10 긴사슬지방산의 흡수 기전

3) 콜레스테롤의 소화와 흡수

콜레스테롤 에스터[Cholesterol ester(CE)]는 췌장효소인 콜레스테롤 에스터라아제(cholesterol esterase)에 의해 유리형 콜레스테롤이 되고, 이것은 담즙산염과 미셀을 형성하여 흡수되며, 흡수율은 20~40% 이며 흡수 후에 CE로 재합성된 후 카일로마이크론을 형성한다.

4) 인지질의 소화와 흡수

레시틴, 세팔린 등의 인지질은 췌장 리파아제, 포스포리파아제(phospholipase)에 의해 가수분해 되어 소장점막을 통과 후 인지질로 재합성되어 카일로마이크론을 형성한다.

7. 지질의 운반

지질이 혈액 내에서 운반되려면 물에 잘 섞일 수 있는 운반체가 필요하다. 지단백질은 중성지방, 콜레스테롤 같은 비극성 물질은 안쪽에 있고 인지질, 단백질 같은 극성 물질은 바깥부분을 둘러싸고 있어 혈액 내에 자유롭게 이동한다. 지단백질은 밀도에 따라 카일로마이크론(chylomicron), 초저밀도 지단백(very low density lipoprotein), 저밀도 지단백(low density lipoprotein), 고밀도 지단백(high density lipoprotein) 이 있다.

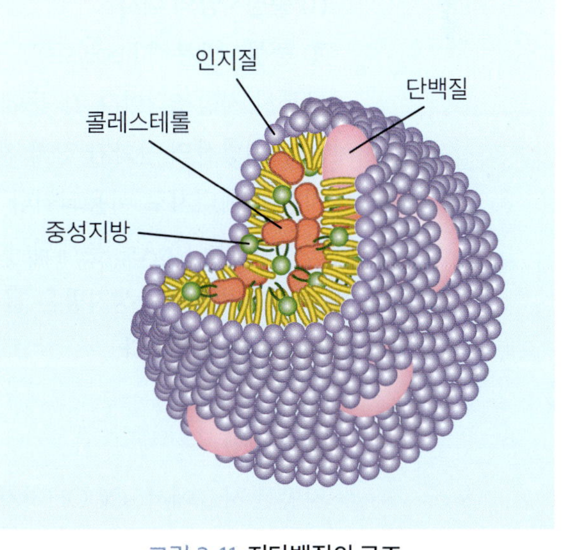

그림 3-11 지단백질의 구조

표3-3 혈청 지단백질의 종류와 특징

특징	카일로마이크론	VLDL	LDL	HDL
지름(nm) 밀도(g/mL)	100~1000 <0.95	30~90 0.95~1.006	20~25 1.019~1.063	7.5~20 1.063~1.210
주요지질	음식으로 섭취한 중성지방(식사성)	간에서 합성된 중성 지방(내인성)	음식으로 섭취하거나 간에서 합성된 콜레스테롤 에스테르 (식사성+내인성)	각 조직세포에서 사용하고 남은 콜레스테롤 에스테르
주된 생성장소	소장	간	혈중에서 VLDL로 부터 전환	간
역할	식사성 중성지방을 근육과 지방조직으로 운반	내인성 중성지방을 근육과 지방조직으로 운반	콜레스테롤을 말초조직으로 운반	사용하고 남은 과잉의 콜레스테롤을 말초조직으로부터 간으로 운반

8. 지질의 대사

(1) 중성지방의 대사

① 중성지방분해(lipolysis)

공복시 지방조직이나 간 등에 저장된 중성지방이 글리세롤과 지방산으로 분해된 후 지방산의 산화가 간과 지방조직에서 진행된다.

지방이 에너지로 이용되거나 다른 생체내 필요한 물질을 합성하기위해서는 반드시 아세틸 CoA로 분해되어야 하며 이 과정은 지방의 산화에 의해서 일어난다. 지방조직에서 중성지방은 글리세롤과 지방산으로 분해된 후 지방산은 β-산화법에 의해 분해된다.

■ β-산화

지방산 사슬에서 -COOH기가 있는 쪽에서 2번째 탄소(베타탄소)가 분해되어 아세틸 CoA를 형성한다. 팔미틴산(C16)은 8개의 아세틸 CoA를 형성

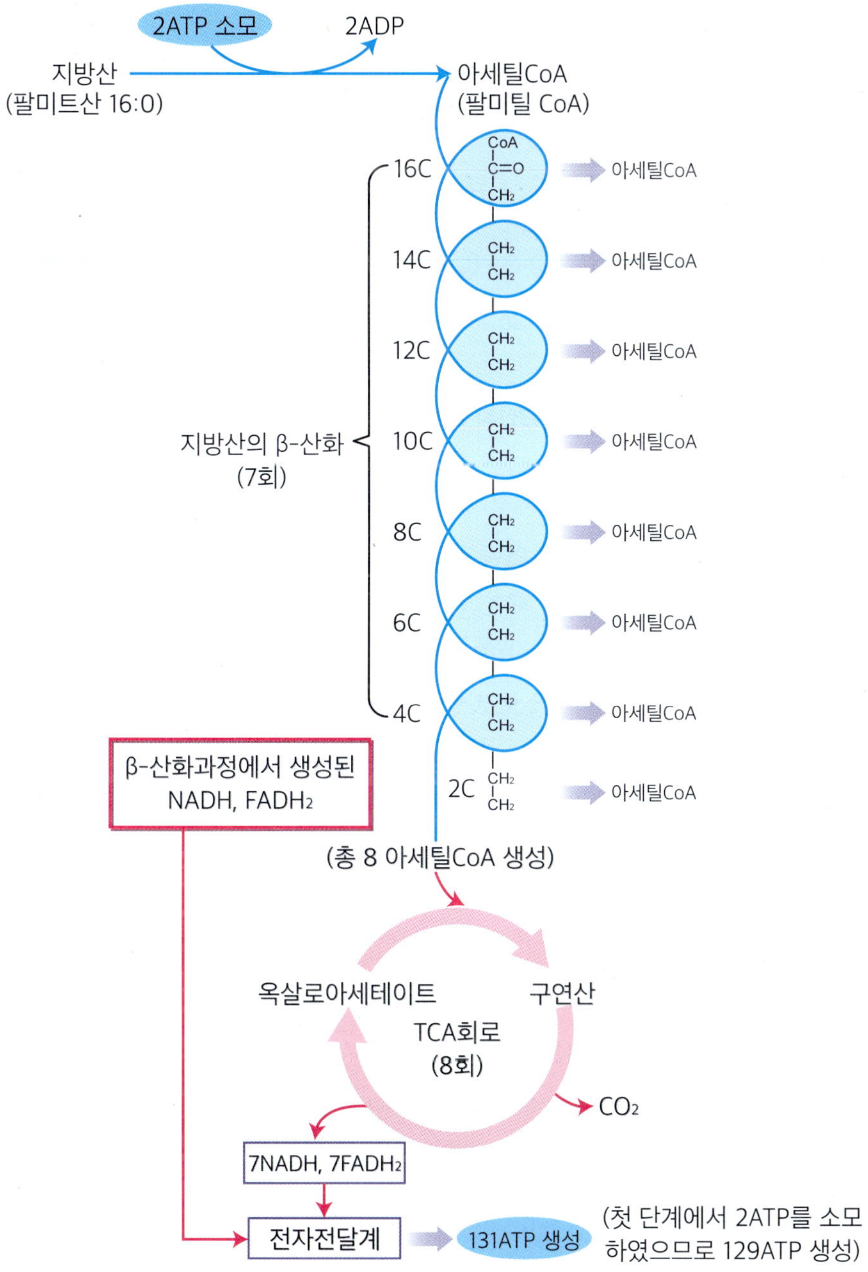

그림 3-12 **지방산의 β-산화**

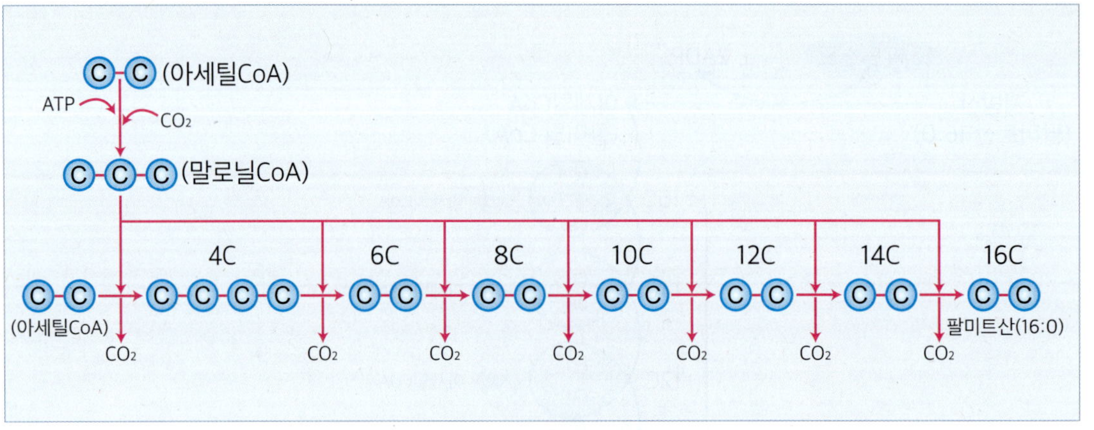

그림 3-13 **지방산의 생합성**

② 지질합성(lipogenesis)

열량을 과잉섭취하면 여분의 열량은 피하, 복강, 장기주변 등의 지방조직에 주로 저장된다. 지방합성은 주로 세포질에서 이루어지며 지방산 합성에 이용되는 아세틸-CoA는 당질 대사, 일부 아미노산의 탄소골격, 지방산의 산화에서 유래된다. 지질합성은 β-산화의 역반응으로 일어나는 것이 아니고, 전혀 다른 방법으로 진행된다. 아세틸-CoA는 비오틴에 의해 말로닐(malonyl)-CoA를 형성하며, NADPH와 지방산 합성효소의 도움을 받아 연속적으로 축합되어 긴사슬포화지방산(plamitic acid)을 형성한다. NADPH는 오탄당 인산경로에서 공급된다.

(2) 콜레스테롤 대사

① 콜레스테롤의 합성

주로 간에서 아세틸-CoA로부터 1.5~2.0g이 생성된다. 콜레스테롤의 합성 경로는 아세틸-CoA에서 아세토아세틸(acetoacetyl)-CoA, HMG-CoA, 메발론산(mevalonic acid), 스쿠알렌(squalene), 라노스테롤(lanosterol) 을 거쳐 콜레스테롤이 된다.

② 콜레스테롤의 분해

콜레스테롤은 스테로이드 호르몬과 비타민 D합성에 일부 사용되고 나머지는 배설을 위해 HDL을 통해 간으로 돌아간다. 간에서 담즙을 형성하여 매일 장으로 배출된다. 배출된 담즙은 대부분 문맥으로 흡수되어 간으로 들어가고, 필요할 때 다시 담즙으로 재배출되는 장간순환(enterohepatic circulation)을 한다.

(3) 지단백질의 대사

① 카일로마이크론(chylomicron) : 지방식을 한 후에 생성되며 혈액에서 조직으로 중성지방을 전달하고 작아진 카일로마이크론은 간으로 들어가 중성지방과 콜레스테롤로 분해된다.

② VLDL : 간에서 합성된 VLDL은 간이외의 지방조직이나 근육에 중성지방을 제공하고 남는 것은 IDL을 거쳐 LDL로 전환된다.

③ LDL : 콜레스테롤 함량이 많은 LDL은 말초조직의 세포막 수용체와 결합하여 세포내 로 이동하며, 리소좀(lysosome)에서 가수분해되어 이용된다.

④ HDL : 혈중 효소 LCAT(lecithin cholesterol acyl transferase)의 작용으로 조직에서 유리형 콜레스테롤을 에스테르화하여 간으로 이동시킨다. 조직내 콜레스테롤 제거와 LDL의 조직내 유입을 억제한다.

(4) 케톤체의 형성

당질의 섭취가 부족하거나, 기아나 단식 상태가 계속되거나, 당뇨병으로 당질

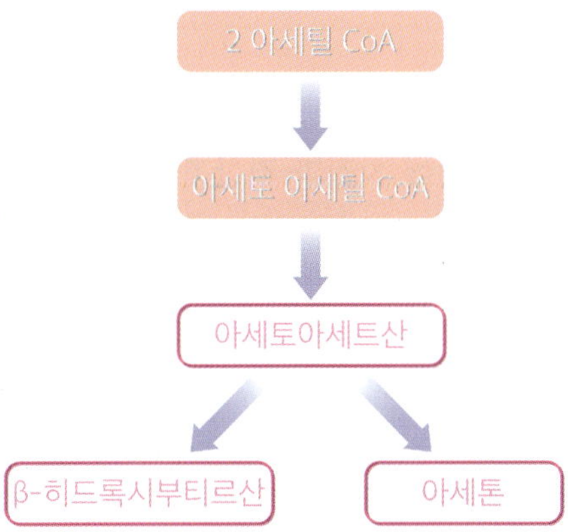

그림 3-14 케톤체 생성

대사가 원활히 일어나지 않아 저장지방이 산화될 때 케톤체가 생성된다. 또한 옥살로아세트산(oxaloacetlc acid) 생성량이 부족해지거나, 옥살로아세트산의 결핍으로 아세틸-CoA가 TCA회로로 순조롭게 들어가지 못해 아세틸-CoA가 과잉 축적되면, 아세틸-CoA 2분자가 축합하여 케톤체 생성 반응으로 진행된다. 케톤체에는 아세토아세트산(acetoacetic acid), 아세톤(acetone), 베타 하이드록시부티릭산(β-hydroxybutyric acid) 등이 있다. 케톤증(ketosis, 산독증)은 케톤체의 농도가 혈액내 정상이상인 상태이다.

9. 지질과 건강

(1) 비만

지방조직이 과잉으로 침착하여 표준체중의 20% 이상 초과한 경우를 말한다. 심장질환, 동맥경화, 당뇨병 등 대사증후군의 원인이 된다.

(2) 지방간(fatty liver)

포화지방산이나, 콜레스테롤 및 알코올, 설탕의 과잉 섭취, 필수지방산의 결핍, 콜린, 이노시톨, 메티오닌, 레시틴, 베타인 등의 항지방간 인자(lipotropic factor) 부족, 비타민 B_6 등의 결핍 등에 의해 발생한다.

(3) 관상심장병, 동백경화증

① 동맥경화증: 동맥의 내벽에 지질과 결합조직, 평활근 세포, 대식세포로 구성된 물질이 침착되면서 혈관벽이 굳어지고 탄력성이 없어진 것을 말한다.

② 관상심장병: 동맥경화증의 합병증으로 발병하며 혈액응고물이 심장근에 분포된 관상동맥이나 뇌로 나가는 혈관을 막으면 삼장마비나 뇌졸중이 된다. 고콜레스테롤혈증, 흡연, 고혈압이 가장 중요한 위험인자이다.

(4) 이상지질혈증(hyperlipidemia)

① 혈청 중 콜레스테롤이나 중성지방이 정상이상으로 증가한 상태를 말한다.

수준	바람직	경계선	위험수준
콜레스테롤	<200(170)	200~239	>240
LDL	<130	130~159	>160
HDL	>40	35~40	<35
치료지침		식사요법	식사요법, 약물치료

② 이상지질혈증 영양관리

<table>
<tr><th>영양관리</th><th colspan="2">원리</th></tr>
<tr><td>총열량 섭취 감소</td><td colspan="2">비만이면 체중을 감소시켜야 한다.</td></tr>
<tr><td>지질 섭취량 감소</td><td colspan="2">지질 섭취량을 총열량 섭취량의 20% 이하로 제한한다.</td></tr>
<tr><td>식이콜레스테롤 섭취 조절</td><td colspan="2">성인은 300mg/dL 이하로 섭취한다. 식이콜레스테롤 섭취증가시 동맥경화증 위험이 증가한다.</td></tr>
<tr><td rowspan="3">식이지방산의 종류</td><td colspan="2">혈중 LDL-cholesterol을 감소시키기 위해 포화지방산의 섭취를 억제한다.</td></tr>
<tr><td colspan="2">혈전 증가의 원인이 되는 스테아르산(C_{18}) 섭취를 억제한다.</td></tr>
<tr><td colspan="2">MUFA 함유식품섭취를 증가시켜 LDL 산화를 억제한다.</td></tr>
<tr><td rowspan="2">식이지방산의 종류</td><td>PUFA</td><td>혈중 콜레스테롤을 감소시키고 혈전 생성을 억제하기 위해 ω3계 지방산의 섭취를 증가시킨다.
심혈관계 질환 예방에 효과적이다.</td></tr>
<tr><td colspan="2">P:M:S 비율을 1:1:1로 권장한다.</td></tr>
<tr><td>식이섬유소 섭취 증가</td><td colspan="2">혈중 콜레스테롤 농도를 감소시키는 펙틴, 검, 카라기난 등
가용성 섬유소 섭취를 증가한다.</td></tr>
</table>

P: 다가불포화지방산 polyunsaturated fatty acid, M: 단일불포화지방산 Monounsaturated fatty acid,
S: 포화지방산 Saturated fatty acid

(5) 암

지질 섭취량이 증가할수록, 특히 동물성 지방 섭취, 포화지방산, n-6계 지방산이 증가할수록 암유병률이 증가하며, 트랜스지방산도 암 발생 원인이 된다. 체내 세포막은 다가불포화지방산(PUFA)을 다량 함유하고 있어 산화되면 과산화지질을 형성하고 단백질과 반응하여, 조직 변성, 세포막 손상, 효소 활성 저하, 세포기능 장애, 노화, 동맥경화, 암, 지방간 등의 원인이 된다. 포화지방을 과잉으로 오래 섭취하게 되면 대장암, 유방암 발생의 원인이 된다. 식이에서 n-3계 지방산이 증가할수록 암 발생을 억제한다고 알려져 있다.

10. 영양섭취기준

지질은 1일 섭취에너지의 20%를 초과하지 않도록 한다. 불포화지방산과 포화지방산의 섭취비율은 P/S = 1~2 : 1, P/M/S = 1 : 1 : 1의 비율로 섭취한다. 다가불포화지방산인 n-6/n-3의 비율은 4~10 : 1로 섭취할 것을 권하고 있다.

11. 지질의 급원식품

버터나 식용유 등과 같이 눈에 보이는 지방과 육류의 살코기 지방이나 유지방 등의 눈에 보이지 않는 지방이 있다. 돼지기름, 쇠기름(팔미트산, 올레산), 옥수수유, 콩기름(리놀레산), 생선유(EPA, DHA) 올리브유(올레산), 들기름(리놀렌산), 마가린, 쇼트닝(트랜스올레지방산)등이 있다.

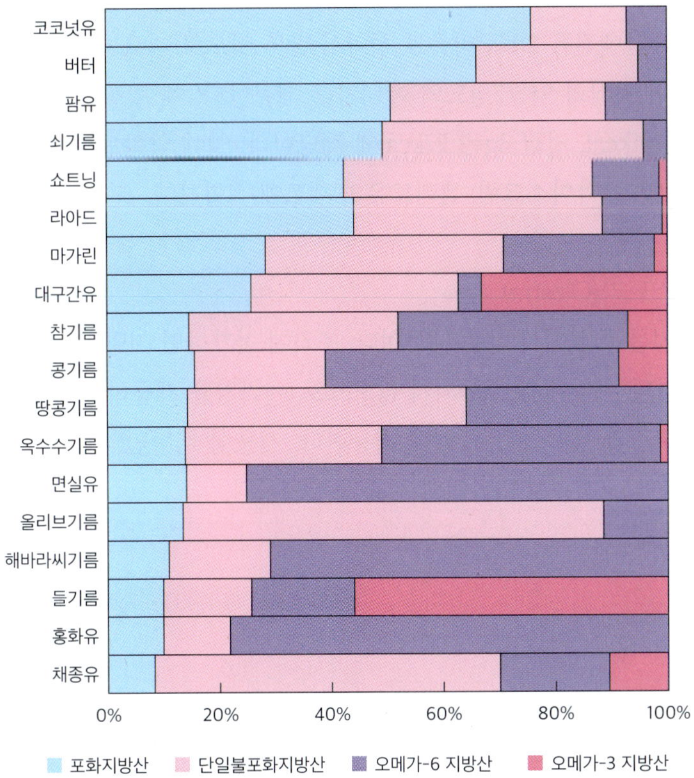

그림 3-15 지방급원 식품의 지방산 조성

12. 지질 대치식품

(1) 필요성 및 이용

우리나라뿐만 아니라 전 세계적으로 실험관계 질환으로 인한 사망률이 증가하고 있기 때문이다. 에너지는 적으면서 지질의 맛을 제공하는 지질대용품의 개발 요구 및 이용이 증가하고 있다. 주로 가공식품에 이용되고 있다.

(2) 종류

① 심플리스(Simplesse)

물과 우유단백질을 2:1의 비율로 섞어서 만든 것으로 마요네즈와 유사한 맛과 질감이 있다. 지질의 약1/7정도의 에너지를 제공한다. 예로 심플리스 3g(물 2g+단백질1g)은 4kcal, 지질 3g은 27kcal에 해당한다. 열에 약하므로 고온 조리에는 사용 할 수 없다. 아이스크림, 샐러드유의 제조에 적합하다.

② 올레스트라(Olestra)

설탕과 기름을 섞어서 만든 제품이다. 조리에 첨가하면 지방과 같은 물리적 특성을 제공하나 체내에서 소화되지 않으므로 에너지를 제공하지 않는다. 고온에 강하므로 튀김과 같은 고온조리에 이용한다. 지용성 비타민의 흡수를 저해하므로 첨가식품에는 지용성 비타민의 강화가 필요하다.

| 주 | 요 | 용 | 어 |

고밀도 지단백질(high-density lipoprotein, HDL) 콜레스테롤을 조직에서 간으로 운반하는 지단백질이며, 단백질의 비율이 크다.

글루코콜티코이드(glucocorticoid) 식이 대사에 영향을 미치는 부신피질 호르몬

다가불포화지방산(polyunsaturated fatty acid, PUFA) 탄소사슬에 두 개 이상의 이중결합이 있는 지방산

단일불포화지방산(monounsaturated fatty acid) 탄소사슬에 단 하나의 불포화 이중결합이 있는 지방산

대식세포(macrophage) 미생물과 세포파편(cellular debris)를 소화시킬 수 있는 세포로 청소세포(scavenger cells)

리놀레산(linoleic acid) 첫 번째 이중결합이 오메가 끝부분에서부터 여섯 번째 탄소원자에 위치하고 있는 필수 다가불포화지방산

스테롤(sterol) 신체에서 중요한 기능을 하는 지질군

수소첨가(hydrogenation) 지방산 탄소사슬의 이중결합에 수소원자를 포화시키는 것

유화제(emulsifier) 동시에 물과 지방에서 용해되어 잘 섞이게 하는 물질

에이코사펜타에노산(eicosapentaenoic acid, EPA) 생선 등에 많은 주요 오메가-3 지방산

인지질(phospholipids) 세포벽을 구성하거나 지방을 유화하는 복합지질

아세틸 CoA(acetyl coenzyme A, Acetyl CoA) 신진대사에서 중요한 중간 부산물로서, 포도당, 지방산과 특정 아미노산이 분해되었을 때 생성된다.

카일로마이크론[유미미립(chylomicron)] 식품에서 지질을 흡수한 후 첫 번째로 생성된 지단백

중성지방(triglyceride, 트리글리세라이드) 음식과 체지방의 대부분을 차지하며 세 개의 지방산과 하나의 글리세롤 분자로 이루어져 있다.

지질합성(lipogenesis) 지질의 동화(합성)

저밀도 지단백질(low-density lipoprotein, LDL) 지방과 콜레스테롤을 신체세포로 운반하는 지단백질이며, 콜레스테롤의 비율이 크다.

지방조직(adipose tissue)(주로 중성지방) 체내에 저장된 지방의 형태

초저밀도 지단백질(very low-density lipoprotein, VLDL) 간에서 합성된 중성지방을 조직으로 운반한다.

케톤증(ketosis) 혈장 포도당의 결여로 인해 지방산이 부분적으로만 산화되고 케톤이 과잉 생산

포화지방산(saturated fatty acid) 수소원자로 탄소사슬이 완전히 포화되어 있거나 채워진 지방산

플라크(plaque) 콜레스테롤을 포함한 지방성 물질이 축적되어 동맥벽에 부착된 것이다.

필수지방산(essential fatty acids, EFAs) 인체에서 만들 수 없고 식이로만 섭취가 가능한 다가불포화지방산

cis-지방산(cis fatty acids) cis는 천연 기름의 이중결합의 배치를 나타낸다.

TCA 회로(TCA cycle) 탄수화물, 지방, 단백질 조각에서 에너지를 방출하는 세포의 화학반응 tricarboxylic acid cycle이나 Krebs cycle으로도 불린다.

trans-지방산(trans fatty acids) 수소첨가된 식물성 기름의 지방산의 이중결합구조

| 복 | 습 | 하 | 기 |

1. 세포의 주성분이며 신경과 골수 등에 함유되어 있는 성분은 무엇이며 이것이 다량 함유된 식품은?
   ① 답즙산 - 우유
   ② 케톤체 - 흰콩
   ③ 레시틴 - 난황
   ④ 카일로마이크론 - 새우

2. 콜레스테롤의 체내작용을 설명한 내용으로 맞지 않는 것은?
   ① 콜레스테롤은 성호르몬과 비타민 D의 기본물질이다.
   ② 콜레스테롤은 에너지원으로 주로 이용된다.
   ③ 콜레스테롤은 지단백의 구성성분이다.
   ④ 콜레스테롤은 담즙산으로 분해되어 지질을 유화시켜서 소화를 돕는다.

3. 콜레스테롤 함량이 가장 많은 지단백질로 이것이 높으면 동맥경화의 위험이 높은 지단백질은?
   ① 카일로마이크론
   ② LDL
   ③ HDL
   ④ VLDL

4. 인체에 필요한 필수지방신이 결핍되어 나타나는 증상과 이 지방산이 들어있는 지방 급원은?
   ① 골연화증 - 올리브유
   ② 피부염 - 옥수수 기름
   ③ 야맹증 - 면실유
   ④ 성장지연 - 버터

5. 필수지방산과 필수지방산이 많이 들어있는 기름은?
① 리놀레산 - 소기름
② 아라키돈산 - 돼지기름
③ 리놀레산 - 옥수수기름
④ 팔미트산 - 콩기름

6. 지방의 유화에 필요한 성분은?
① 담즙
② 리놀렌산
③ 글루타민산
④ 아스파라긴산

7. 간이 손상되면 지방의 소화가 잘 이루어지지 않는다. 간에서 합성되어 지방을 유화시키는 것은?
① 팔미트산
② 젖산
③ 담즙
④ 레놀렌산

8. 지방이 체내에서 에너지를 발생하기 위한 산화작용은 주로 어디에서 일어나는가?
① 간과 뇌
② 근육과 간
③ 간과 지방조직
④ 뇌와 근육

9. 우리가 섭취한 콜레스테롤이 혈액을 통해서 각 조직으로 운반되는 지단백질 종류와 동맥경화를 예방하는 지단백질의 종류는?

① HDL - LDL
② LDL - HDL
③ VLDL - LDL
④ 카일로마이크론 - HDL

정답과 힌트

1. ③

레시틴은 신체세포의 중요한 성분이고 신경, 심장, 간, 골수 등에 많이 들어 있으며 콜린이 결합되어있다. 천연 유화제로도 쓰이며 달걀노른자에 많이 함유되어 있다.

2. ②

콜레스테롤은 성 호르몬과 비타민 D 및 담즙산을 합성하는 기본물질이다. 성 호르몬 외에 코티졸, 알도스테론, 코르티코이드 호르몬 등의 전구체이기도 하며, 지단백질의 구성 성분으로 체내 각 세포로 운반 된다. 담즙산은 콜레스테롤의 중요한 분해산물로 간에서 생성되며, 담즙의 성분이 되어 담낭에 농축되었다가 지질식품을 섭취하면 장으로 배출된다.

3. ②

지단백질은 종류에 따라 인지질 · 콜레스테롤 · 단백질의 함량이 각기 다르며 그 작용도 다르다. LDL은 콜레스테롤 함량이 가장 많으며, HDL은 콜레스테롤의 농도는 낮고 단백질 함량은 많다.

4. ②

필수지방산은 지질의 운반과 대사, 면역작용, 세포막의 작용에 중요한 작용을 한다. 성장기 아동에게 필수지방산이 결핍되면 성장이 불량해지며 피부염과 습진 등이 발생하는 것으로 알려져 있다. 필수지방산은 주로 식물성 기름에 다량 함유되어 있다.

5. ③
필수지방산에는 리놀레산, 리놀렌산, 아라키돈산이 있다. 리놀레산의 기능은 성장인자, 항피부병인자의 역할을 하며 채소 및 종자류에 많이 들어있다. 리놀렌산은 성장인자이며 견과류와 들기름에 많이 들어있다. 아라키돈산은 항피부병인자의 기능을 가지고 있으며 동물의 지방에 많이 함유되어 있다.

6. ①
지질의 소화는 거의 소장에서 이루어지며 담낭에서 소장으로 배출된 담즙에 의해서 유화된 후 소화효소의 작용을 받는다.

7. ③
담즙에는 지질을 유화시키는 담즙산염, 뮤신 및 색소와 콜레스테롤이 함유되어 있다.

8. ③
지질의 대사가 일어나는 주된 장소는 간과 지방조직이다.

9. ②
LDL은 콜레스테롤을 말단조직으로 운반하는 작용을 하며, HDL은 말단조직의 콜레스테롤을 간으로 운반하여 콜레스테롤을 담즙산으로 하여 배설을 촉진하여 동맥경화를 예방하는 역할을 한다.

Chapter

04

제 4 장

단백질

학습목표

이 장을 학습함으로써

1. 단백질을 분류하고 특성 및 기능을 알 수 있다.
2. 단백질의 소화·흡수·대사과정에 대해 알 수 있다.
3. 필수아미노산의 정의와 종류 및 기능에 대해 알 수 있다.
4. 완전단백질, 부분적 불완전단백질, 불완전단백질에 대해 알 수 있다.

1. 단백질(protein)의 정의와 아미노산

1) 정의

단백질은 생명유지에 필수적이며 생리기능을 조절하고, 당질이나 지질과는 달리 탄소, 수소, 산소 외에 질소를 함유하는 질소화합물로 아미노산이 펩티드 결합으로 이루어진 고분자화합물이다.

2) 아미노산(amino acid)

(1) 구조

α-탄소에 카르복실기와 아미노기가 결합된 구조이다. 단백질을 구성하는 아미노산은 20여종으로, 모두 L형에 속하며, α-아미노산이다.

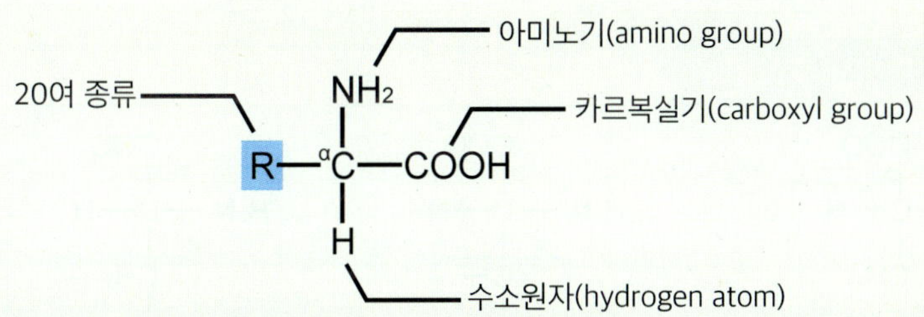

그림 4-1 아미노산의 구조

(2) 종류

중성, 산성, 염기성, 방향족, 함황, 필수아미노산이 있다.

① R부분의 구조적 차이에 의한 분류

그림 4-2 아미노산의 종류

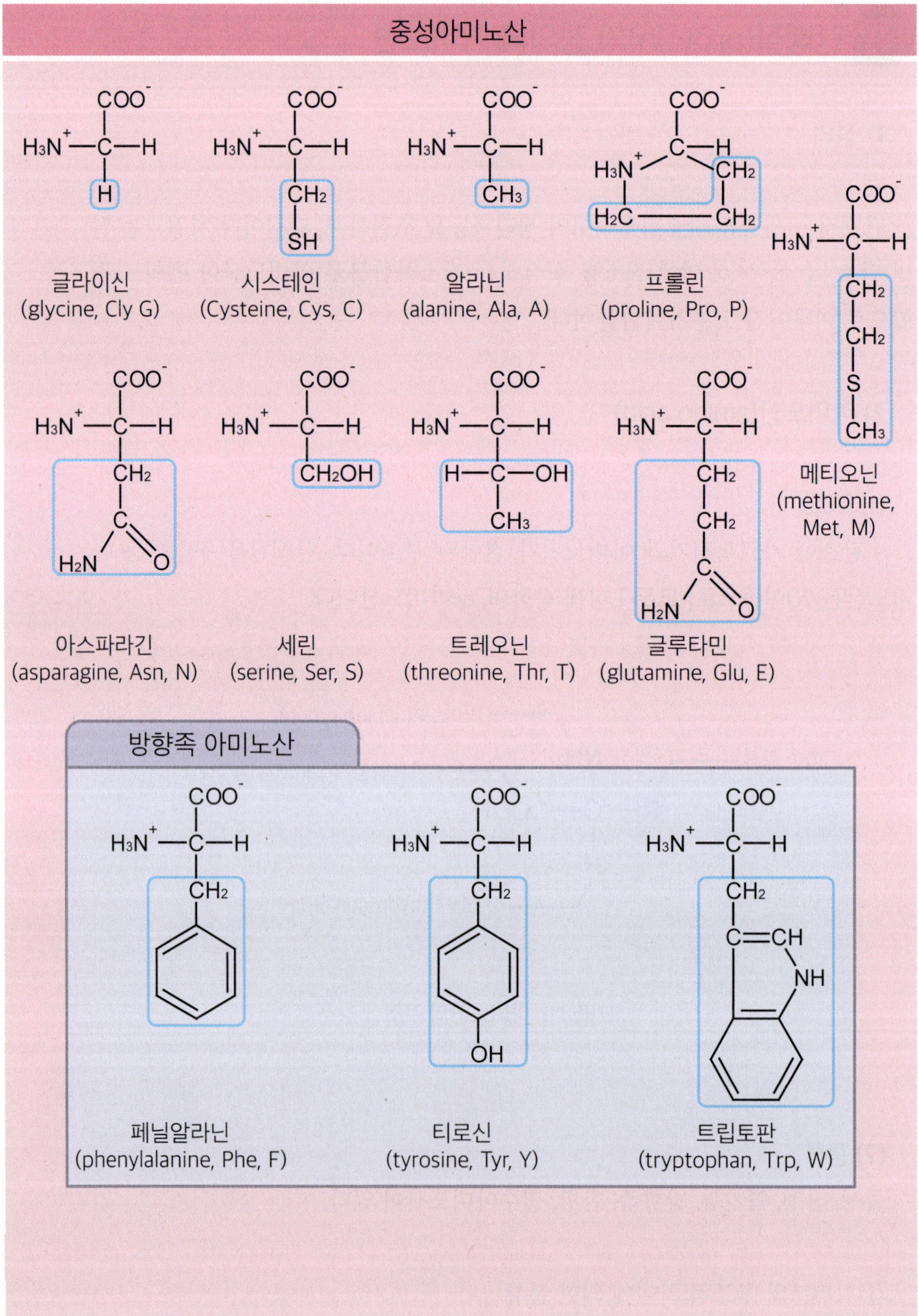

곁가지 아미노산

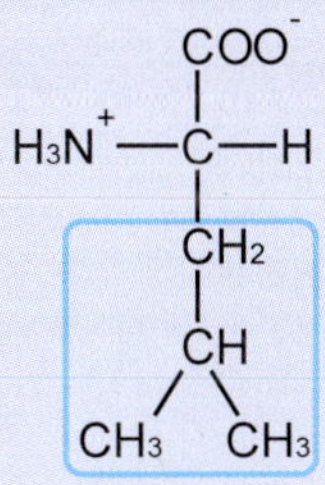

류신
(leucine, Leu, L)

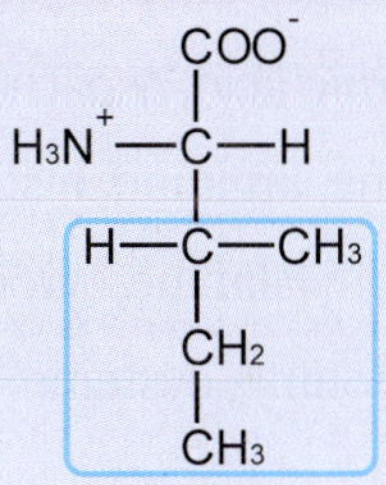

이소류신
(isoleucine, Ile, I)

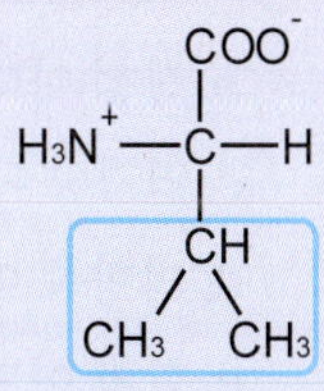

발린
(valine, Val, V)

산성 아미노산

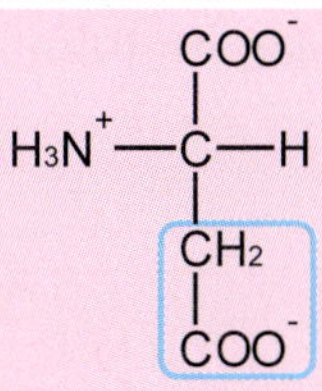

아스파르트산
(aspartic acid Asp. A)

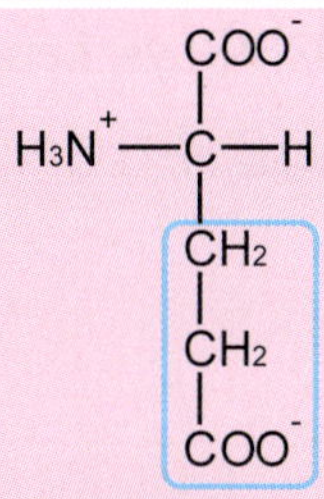

글루탐산
(glutamic, acid, Glu, E)

염기성 아미노산

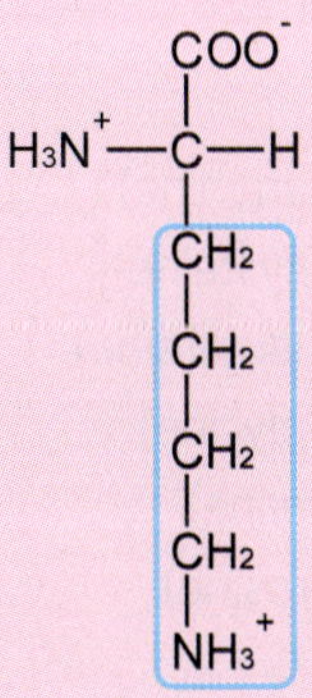

리신
(lysine, Lys, K)

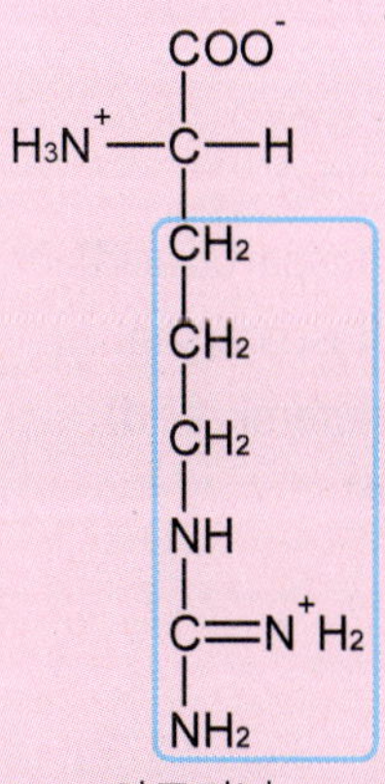

아르기닌
(arginine, Arg, R)

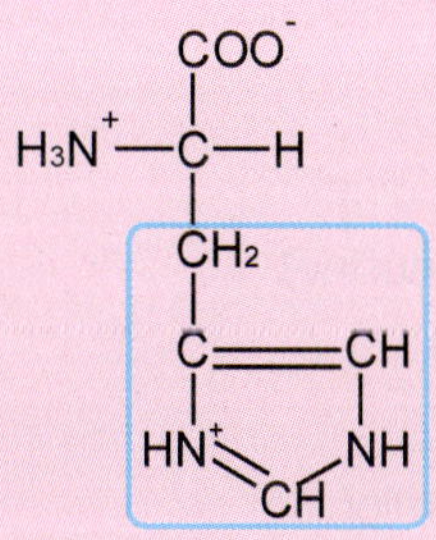

히스티딘
(histidine, His, H)

a. 중성 아미노산 : alanine, valine, leucine, isoleucine, glycine, serine threonine, asparagine, glutamine, proline

b. 산성 아미노산 : glutamic acid, aspartic acid

c. 염기성 아미노산 : lysine, arginine, histidine

d. 방향족 아미노산 : phenylalanine, tyrosine, trytophan

e. 함황 아미노산 : methionine, cysteine

② 필수아미노산(essential amino acid)

인체에서 합성할 수 없어 반드시 식품으로부터 섭취해야 하는 아미노산으로 이중 한 종류가 결핍되거나 부족하면 성장이 정지되고 음(-)의 질소평형이 된다. 성인은 9가지[Lys, Leu, Ile, Phe, Thr, Trp, Val, Met, Arg]이며, 유아는 히스티딘(histidine)을 추가하여 10가지이다.

표 4-1 아미노산의 체내 합성 여부에 따른 분류

필수아미노산	불필수아미노산	조건적 필수아미노산
히스티딘(histidine) 이소류신(isoleucine) 류신(leucine) 리신(lysine) 메티오닌(methionine) 페닐알라닌(phenylalanine) 트레오닌(threonine) 트립토판(tryptophan) 발린(valine)	알라닌(alanine) 아스파트산(aspartic acid) 아스파라긴(asparagine) 글루탐산(glutamic acid) 세린(serine)	아르기닌(arginine) 시스테인(cysteine) 글루타민(glutamine) 글라이신(glycine) 프롤린(proline) 티로신(tyrosine)

2. 단백질의 구조

단백질은 아미노산의 종류와 결합 순서, 형태, 고유 기능 등을 갖게 하는 구조에 의해 달라진다.

(1) 1차 구조

아미노산이 펩티드 결합으로 이어진 일직선의 구조이다.

(2) 2차 구조

1차 구조로 생긴 폴리펩티드 사슬이 인접한 아미노산사이의 수소결합이나 이황화결합에 의해 알파-헬릭스 구조나 병풍 구조를 이룬 것을 말한다.

(3) 3차 구조

폴리펩티드 사슬이 서로 접히고 꼬임으로 생리적 작용을 완수할 수 있는 특수한 구조를 이룬다. 섬유상 단백질과 구형 단백질이 있다.

(4) 4차 구조

2개 이상의 3차 구조의 폴리펩티드가 모여 기능 단위를 이루는 것으로, 헤모글로빈을 예로 들 수 있다.

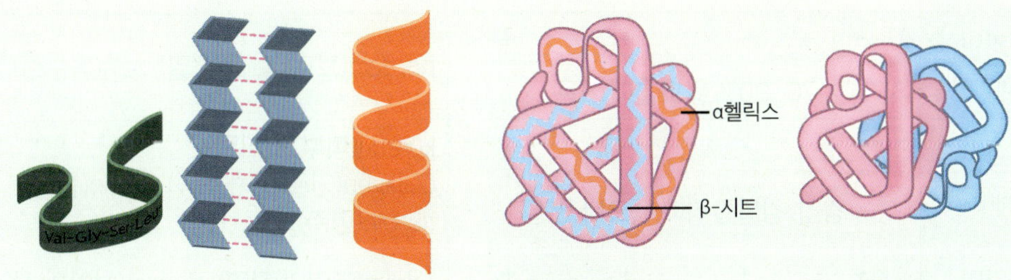

그림 4-3 **단백질 구조**

3. 단백질의 종류

(1) 구성 성분에 따른 분류

① 단순단백질 : 가수분해하면 α-아미노산으로만 구성되어 있다.

② 복합 단백질 : 단순 단백질에 비단백성 물질이 결합되어 있다.

③ 유도 단백질 : 천연 단백질이 물리적, 화학적, 효소적인 분해로 성질이 변화된 것으로, 변화정도에 따라 1차 유도 단백질, 2차 유도 단백질로 분류한다. 제 1차 유도 단백질(변성 단백질) : 열, 자외선 등의 물리적 작용이나 효소의

표 4-2 단순단백질의 종류 및 성질

명칭	용해성				예
	물	염류	묽은 산	묽은 알칼리	
알부민 (albumin)	+	+	+	+	ovoalbumin(난백),conalbumin(난백), lactalbumin(유즙), serum albumin(혈청), ricin(피마자), myogen(근육)
	열, 알코올에 의해 응고				
글로불린 (globulin)	-	+	+	+	ovoglobulin(난백), lactoglobulin(유즙), serum globulin(혈청) myosin(근육), fibrinogen(혈청) glycinin(콩)
	열에 응고				
글루텔린 (glutelin)	-	-	+	+	oryzenin(쌀), glutenin(밀), hordenin(보리)
	알코올에 불용				
프롤라민 (prolamin)	-	-	+	+	hordein(보리), gliadin(밀), zein(옥수수)
	70~80% 알코올에 가용				
알부미노이드 (albuminoid)	-	-	-	-	keratin(피부, 머리털), collagen(연골, 결체조직) elastin(힘줄), fibroin(명주)
	강산, 강알칼리에 녹으나 변질				
프로타민 (protamine)	+	+	+	+	salmin(연어의 정액), clupein(청어의 정액), scobrin(고등어의 정액), sturin(상어의 정액)
	열에 응고 안됨. 핵 단백질, 구성 단백질				
히스톤 (histone)	+	+	+	+	globin(혈색소), 흉선 히스톤
	열에 응고 안됨. 핵 단백질, 구성 단백질				

(+는 가용, -는 불용이다.)

표 4-3 복합단백질의 종류 및 특징

명칭	비단백질 부분	특징	급원
인단백질 (phosphoprotein)	인산	핵단백실과 지단백실에는 인산이 비단백성분의 일부를 차지	casein(우유), vitellin(난황), vitellenin(난황)등 동물성 식품에만 존재
핵단백질 (nucleoprotein)	핵산	히스톤 혹은 프로타민이 결합	배아와 효모 등 동식물 세포 핵의 주성분
당단백질 (mucoprotein)	다당류	당질 부분에 아미노당 함유	mucin(타액), mucoid(난백) 등 동식물 세포, 점성 분비물에 존재
금속단백질 (metalloprotein)	금속	철, 구리, 아연 및 마그네슘 함유	ferritin(비장), hemocyanin(연체동물의 혈액), insulin(췌장)
지단백질 (lipoprotein)	지질	중성지방, 인지질, 콜레스테롤이 결합 되어 있음	lipovitellin(난황), lipovitellenin(난황)
색소단백질 (chromoprotein)	색소	헴, 클로로필, 카로티노이드 플라빈 함유	hemoglobin(혈액), myoglobin(근육), rhodopsin(시홍), astaxanthin(갑각류의 외피) flavoprotein(황색 색소)

작용으로 천연단백질의 성질이 약간 변하여 응고된 것이다. 응고단백질, 파라(para-casein), 젤라틴 등이 있다.

제 2차 유도단백질(분해 단백질) : 제 1차 유도단백질이 다시 가수분해되어 아미노산이 되기까지의 중간 산물을 말한다. 프로테오스(proteose), 펩톤(peptone), 펩티드(peptide) 등이 있다.

(2) 형태의 의한 분류

① 구상 단백질 : 혈청 알부민(albumin), 락토알부민[lactoalbumin(유즙)], 미오겐[myogen(근육)] 등이 있다.

② 섬유상 단백질 : 콜라겐[collagen(연골)], 케라틴[keratin(머리카락, 손톱)], 미오신[myosin(근육)], 피브로인(fibroin) 등이 있다.

섬유상단백질 - 물에 용해되지 않으며 세포조직의 유지나 구조를 이루는 단백질로서 콜라겐(collagen), 모발의 케라틴(keratin), 혈액의 피브로인(fibroin) 등이 있다.

구상단백질 - 수용성으로서 근육의 미오신(myosin), 헤모글로빈, 대부분의 효소, 혈장단백질 등이다.

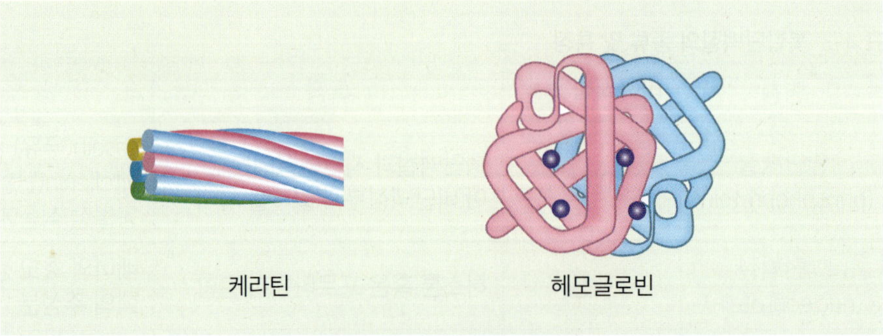

그림 4-3 섬유상단백질과 구상단백질의 구조

(3) 영양적인 분류

① 완전 단백질(complete protein)

필수아미노산의 종류와 양을 충분히 함유하여 정상적인 성장을 돕고, 체중을 증가시키며 생리기능을 돕는 단백질이다. 생물가가 높은 양질의 단백질로 젤라틴을 제외한 모든 동물성 단백질을 말한다. 우유의 카제인, 락토알부민, 달걀의 알부민, 대두의 글리시닌 등이 있다.

② 부분적 불완전 단백질(partially incomplete protein)

필수아미노산의 종류는 충분하나 한 종류의 필수아미노산이 양적으로 부족한 제한아미노산이다. 성장을 돕지는 못하나 생명을 유지시킬 수 있는 단백질이다. 밀의 글리아딘(gliadin), 보리의 호르데인(hordein) 등이 있다.

③ 불완전 단백질(incomplete protein)

필수아미노산 중 한 가지가 완전히 결여되어 있어 동물의 성장이 지연되고, 체중이 감소되며, 생명에 지장을 초래한다. 생물가가 낮은 단백질로 젤라틴(gelatin), 옥수수의 제인(zein) 등이 있다.

알|고|가|기

제한 아미노산 : 식품 단백질의 필수아미노산 구성을 기준 단백질의 필수아미노산의 조성과 비교하여 가장 낮은 비율의 아미노산을 말한다.

4. 단백질의 기능

(1) 새로운 조직의 합성과 보수

단백질은 체내 여러 장기나 근육, 뼈, 피부나 머리카락을 구성하며, 헤모글로빈 등을 합성한다. 성장기(성장), 임신기(태아의 성장), 수유기(유즙 생성), 수술이나 출혈시(세포의 회복)에 단백질이 필요하다.

(2) 혈장 단백질 구성

혈장 단백질인 알부민, 글로불린, 피브리노겐이 간에서 합성된다.

(3) 효소 및 호르몬의 형성

효소는 단백질(아포엔자임) 부분에 조효소나 보결분자단이 결합하여 작용한다.

펩티드계 호르몬이나 아민 호르몬(갑상선 호르몬, 아드레날린, 인슐린, 글루카곤 등)을 생성하여 대사속도나 생리기능을 조절한다.

(4) 항체 형성

바이러스, 박테리아 등의 유해물질이 체내에 침입하면 생체는 자기방어를 위해 이 물질에 선택적으로 결합하는 물질인 항체(antibody)를 형성한다. 항체는 분자량이 10~100만 정도의 단백질인 감마 글로블린이다. 단백질은 질병에 대한 저항력을 제공므로 식이로 섭취하는 단백질이 충분하지 못하면 면역체계의 세포가 부족하거나 작용하는 기능이 떨어지게 된다.

(5) 삼투압 조절(수분 평형)

단백질은 혈액내에서 교질삼투압을 형성하여 조직의 삼투압과 수분 평형을 조절한다. 혈장 단백질 농도가 감소하면 혈액의 교질삼투압이 감소되어 조직의 수분이 혈관내로 이동하지 못하고 조직에 축적되어 부종(edema)이 생긴다. 단백질을 보충하면 조직내 있던 수분이 다시 혈장 내로 이동하여 부종이 사라진다.

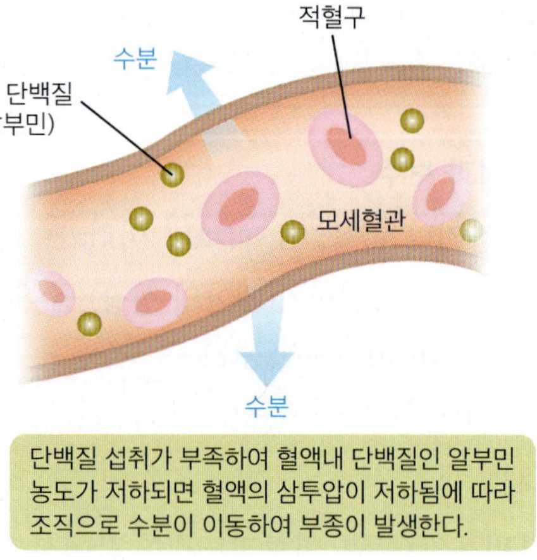

그림 4-4 단백질과 삼투압조절

(6) 산 · 염기조절(pH조절)

단백질은 분자내에 (+)이온과 (−)이온을 가지는 양성물질로, 산 · 알칼리 평형에 관여하며, pH를 조절한다.

(7) 포도당 신생 기능

당질 섭취가 부족할 경우 혈당을 일정하게 유지하기 위해, 간에서 아미노산으로부터 포도당을 생성하여 적혈구나 신경조직에 필요한 에너지를 공급한다.

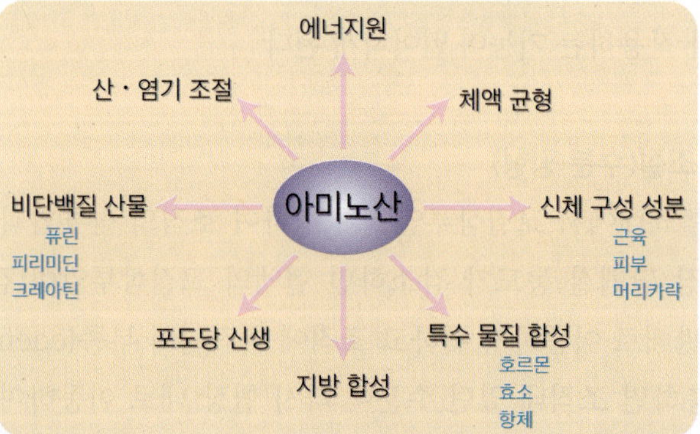

그림 4-5 단백질의 기능

(8) 에너지원

단백질은 1g당 4kcal의 에너지를 발생한다. 당질이나 지질 섭취량이 부족하면 단백질이 분해되어 에너지를 공급하다. 생체는 에너지 보급이 우선이므로 당질과 지질이 충분해야만 단백질이 본래의 중요한 역할(구성 영양소)을 할 수 있다.

5. 단백질의 소화와 흡수

(1) 단백질의 소화

단백질은 위에서 분비되는 펩신에 의해 단백질 일부가 작은 분자인 폴리펩티드로 되는 것으로부터 시작된다. 폴리펩티드가 십이지장에 도달하면 췌장에서

표 4-4. 단백질의 소화효소와 작용

기관	효소			펩티드결합에 대한 특이성	소화작용
	활성형	활성촉진	전구체(불활성형)		
입	없음				기계적 소화
위	펩신(pepsin) 레닌[rennin(유아)]	HCl	Pepsinogen	Phe, Trp Tyr, Leu Glu, Gln	Protein → polypeptide Casein → paracasein (응어리)
췌장	trypsin (내부가수분해효소)	Enterokinase	Trypsinogen	Lys, Arg	Protein, polypeptide → polypeptide, dipeptide
	chymotrypsin (내부가수분해효소)	Trypsin	Chymotryp -sinogen	Phe, Trp Tyr	Protein, polypeptide → polypeptide, dipeptide
	carboxypeptidase (외부가수분해효소)	Trypsin	procarboxy peptidase	카르복실 말단 잔기를 차례로 절단	Protein → simpler peptide, dipeptide, amino acids
소장	aminopeptidase (외부가수분해효소) Dipeptidase			아미노기 말단 잔기를 차례로 절단 디펩티드절단	Polypeptide → peptides, dipeptides, amino acids dipeptides → amino acids

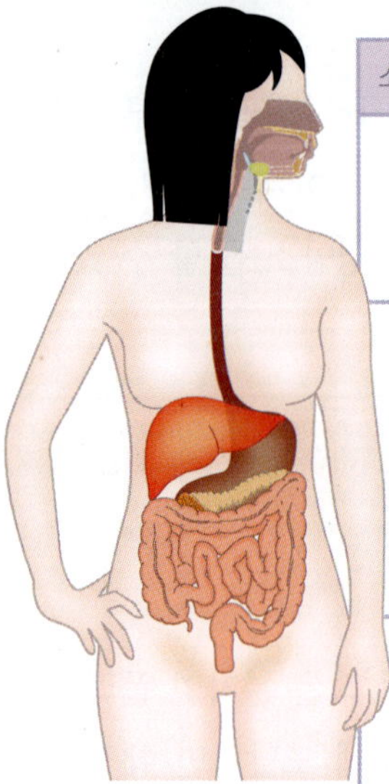

소화장소	소화효소 분비기관	불활성 형태효소	활성 촉진물질	활성효소	분해산물
구강					
위	위	펩시노겐	위산	펩신	펩톤
소장	췌장	트립시노겐	엔테로키네이스	트립신	작은 펩타이드
		키모트립시노겐	트립신	키모트립신	작은 펩타이드, 다이펩타이드
		프로카복실펩티데이스	트립신	카복실펩티데이스	다이펩타이드 아미노산
	소장벽			아미노펩티데이스	다이펩타이드 아미노산
				다이펩티데이스	아미노산

그림 4-6 **단백질의 소화**

분비되는 트립신과 키모트립신에 의해 더 작은 폴리펩티드와 디펩티드로 분해된다. 이어 카르복시펩티다이제(carboxypeptidase)와 소장벽에서 분비되는 아미노펩티디아제(aminopeptidase)와 디펩티다아제(dipeptidase)에 의해 아미노산으로 분해된다.

(2) 단백질과 아미노산의 흡수

대부분은 아미노산까지 분해되지만 간혹 완전히 분해되지 않은 저분자 펩티드도 소장점막 세포에 흡수된다. 아미노산의 점막세포로의 흡수는 대부분 능동수송에 의해 매우 빠르게 진행된다. 흡수된 아미노산은 모세혈관을 통해 문맥을 거쳐 간으로 운반된다. 단백질의 평균흡수율은 92%이다.

① 아미노산 풀(amino acid pool)

식이섭취와 단백질 분해 등으로 세포 내에 유입되는 아미노산의 양을 말하며

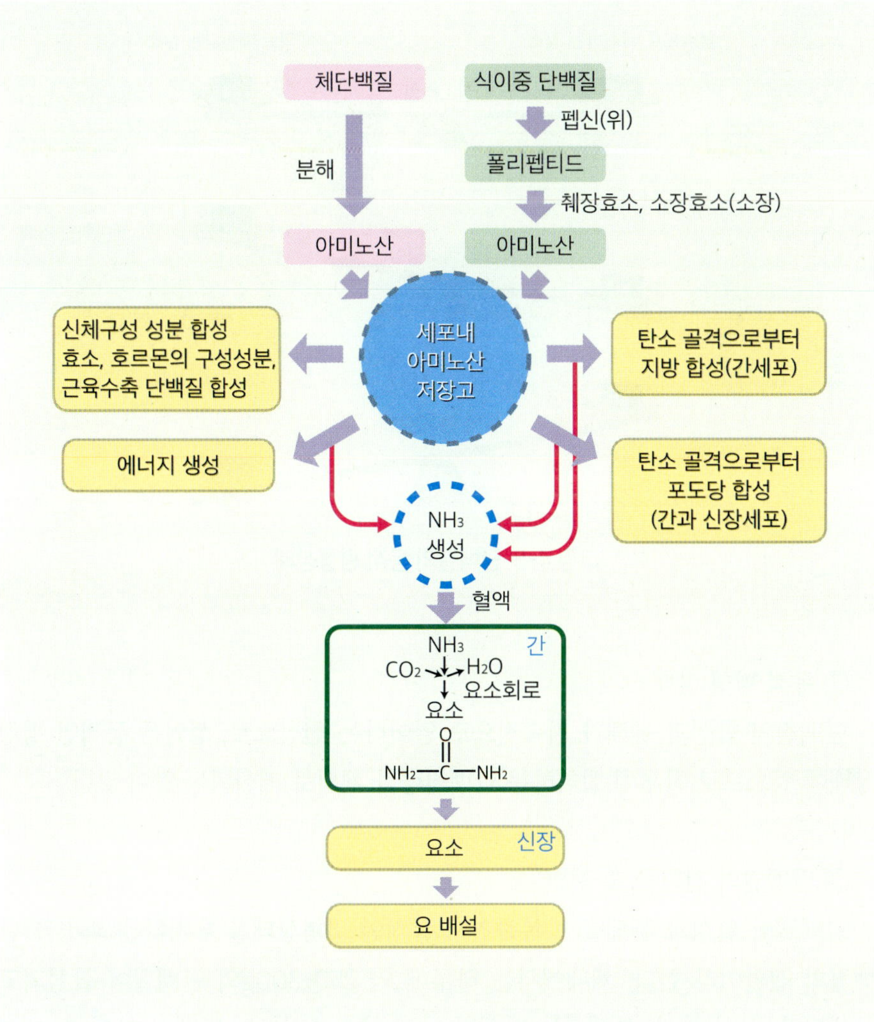

그림 4-7 단백질과 아미노산의 대사 및 아미노산 풀(pool)

아미노산 풀의 크기는 섭이섭취량, 체내 함량, 재활용 등에 의해 결정된다. 아미노산 풀의 크기가 지나치게 클 경우는 과잉의 아미노산들은 에너지, 포도당, 지방합성에 사용된다(단백질 합성 대사). 단백질 섭취의 부족으로 아미노산풀이 감소하면 부족한 아미노산은 세포내 단백질을 분해하여 사용한다(단백질 분해 대사).

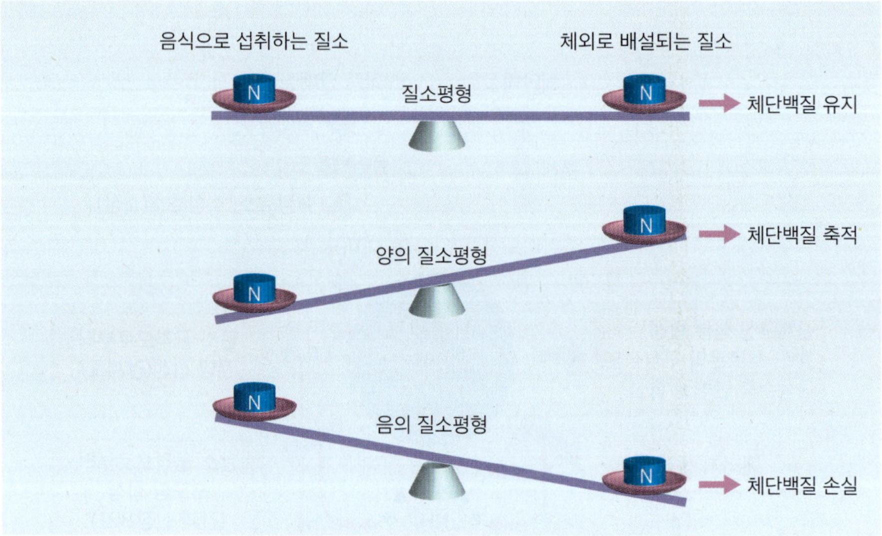

그림 4-8 **단백질의 동적 평형상태**

② 동적 평형 상태

단백질의 합성과 분해가 지속적으로 일어나는 현상으로, 성인은 동적인 평형 상태에 있으므로 하루에 섭취하는 단백질량과 체외로 배설되는 양이 같다

③ 단백질의 전환율 및 전환

단백질이 합성과 분해를 반복하면서 동적인 평형상태를 유지하는 과정을 단백질의 전환이라 한다. 체내에서는 하루에 약 250~300g의 단백질이 합성되고 분해된다. 실제 합성·분해되는 단백질 양의 약 5/6정도는 단백질 분해 후 재이용되므로, 식이에서 매일 공급되어야 하는 단백질 필요량은 하루에 합성·분해되는 단백질량의 1/6정도이다.

(3) 흡수된 아미노산의 기능

① 혈액, 근육, 골격 등 조직 단백질을 구성한다.

② 호르몬, 효소, 비타민 및 핵산 등의 생합성 구성성분이 된다.

③ 에너지원으로 이용된다.

④ 요소로 배설(아미노기)된다.

⑤ 당질이나 지방으로 전환된다.

⑥ 당신생에 이용된다

⑦ 비필수아미노산을 생성한다.

6. 단백질의 대사

(1) 아미노산의 분해와 에너지 생성

아미노산의 탄소골격은 TCA회로로 들어가 산화과정을 거쳐 에너지를 발생한다. 이때 단백질은 에너지 발생을 위해 아미노기가 떨어지는 탈아미노반응(deamination)이 일어난다.

탄소골격인 알파 케토산은 아세틸 CoA로 전환되거나 TCA회로의 여러 단계로 들어가 산화되어 에너지를 낸다. 또한 간에서 포도당신생을 거쳐 포도당을 생성하는데 이렇게 탄수화물대사의 경로에 의해서 연소되는 아미노산은 포도당생성 아미노산(glucogenic amino acid)이라하고, 지질대사의 경로에 의해 연소되는 아미노산은 케톤생성 아미노산(ketogenic amino acid)이라 하며 탄수화물과 지질 대사의 두 회로를 통해서 연소되는 아미노산은 포도당생성·케톤생성 아미노산이라 한다. 리신과 류신은 케톤체나 지방산을 합성하는데만 이용되고 나머지 아미노산은 케톤체나 지방산 합성, 포도당생성도 가능하다.

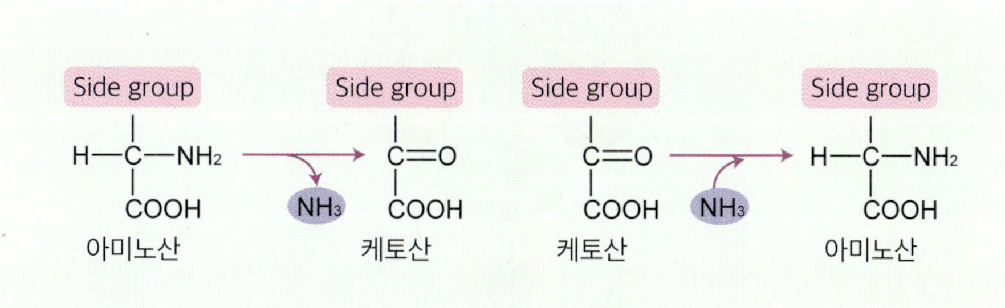

그림 4-9 탈아미노반응

표 4-5 포도당생성 및 케톤생성 아미노산 종류

분류	아미노산의 종류
케톤생성	류신, 리신
포도당생성 및 케톤생성	이소류신, 페닐알라닌, 티로신, 트립토판
포도당생성	알라닌, 세린, 글라이신, 시스테인, 아스파르트산, 아스파라긴, 글루탐산, 글루타민, 아르기닌, 히스티딘, 발린, 트레오닌, 메티오닌, 프롤린

(2) 질소배설물 형성

아미노산의 분해, 즉 탈아미노반응 결과 떨어져 나온 질소는 암모니아(NH_3)를 형성하며 독성이 강한 암모니아는 혈액을 통해 간으로 운반된 후 이산화탄소와 결합하여 무해한 요소(urea)로 전환되어 배설된다. 이를 요소회로(urea cycle)라 한다.

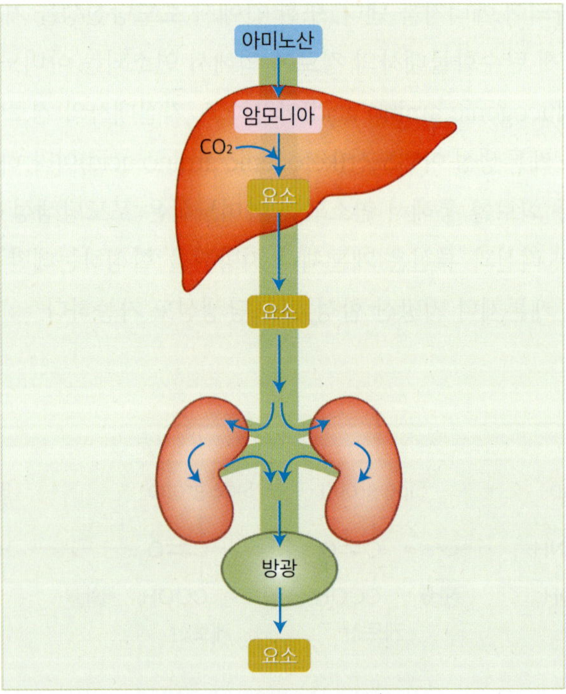

그림 4-10 요소 합성과 배설

(3) 주요 조직 내의 아미노산 대사

장 점막세포로 흡수된 아미노산은 대부분이 간문맥을 거쳐 간으로 운반되어 대사되고, 일부는 다시 혈액으로 나와 각 조직에 운반되어 단백질합성 등을 위해 사용 된다. 트립토판은 뇌로 가서 세로토닌 합성의 전구체로 사용되며 분지 아미노산은 말초조직, 특히 근육과 지방조직에서 분해된다. 근육에서는 중성 아미노산인 알라닌과 글루타민이 나와 알라닌은 간으로 이동하여 당신생과정을 거쳐 혈당으로 재방출되어 근육으로 흡수되며 글루타민은 장으로 이동하여 알라닌이 된 후 다시 간으로 이동한다.

(4) 단백질의 합성

단백질의 합성은 한 아미노산의 아미노기를 적당한 비질소화합물에 이동시켜 아미노산을 합성 하는 것으로 피리독신(비타민B_6)은 아미노기전이반응을 돕는 비타민으로 단백질 대사에 꼭 필요하다.

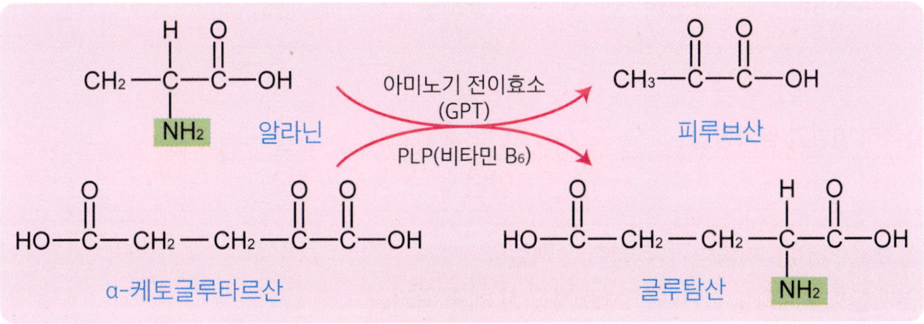

GPT(glutamte pyruvate transaminase), PLP(pyridoxal phosphate)

그림 4-11 아미노기 전이반응

7. 단백질의 영양가 평가방법

(1) 생물학적인 방법(체중증가법)

① 단백질효율(protein efficiency ration, PER): 섭취단백질에 대한 체중증가

량의 비율

② 진정단백질효율(net protein ratio, NPR): 단백질 효율의 결점을 보완한 것으로 단백질 식이에 의한 체중증가량에서 무단백질 식이에 의한 체중감소량을 뺀 것을 단백질 섭취량으로 나눈 것이다.

(2) 질소출납법

① 생물가(biological value, BV) : 생물 체내로 흡수된 질소량과 체내에 보유된 질소량의 비율을 백분율로 나타낸 것으로 질소 평형실험에 의해 산출된다.

② 실제단백질이용률(net protein utilization, NPU): 섭취한 총 식이 질소가 동물체내에 보유된 정도를 백분율로 나타낸 것으로 소화흡수율을 고려한 것이다.

③ 질소평형지표(nitrogen balance index, NBI): 식사중의 질소가 체내에 보유된 것을 측정하는 방법이다.

NBI= (질소평형의 양 - 대사된 질소량)/흡수된 질소량

표 4-6 단백질의 생물학적 영양가 평가방법

평가구분	방법
체중증가량	단백질효율(PER) = 체중증가량/섭취 단백질량 진정단백질효율(NPR) = (단백질 사료에 의한 체중 증가량 - 무단백질사료에 의한 체중 감소량)/섭취 단백질량
질소평형	생물가(BV) = (체내 보유된 질소량/흡수된 질소량) × 100 흡수된 N량 = 섭취 N량-대변 N량, 보유된 N량 = 식이 N량 - (소변 N량 + 대변 N량) 실제단백질이용률(NPU) = (보유질소량/섭취질소량) × 100= 식이 N량 - (소변 N량+대변 N량)/식이 N량 × 100=BV × 소화율 질소평형지표(NBI) = (질소평형의 양-대사된 질소량)/흡수된 질소량

(3) 화학적 방법

① 단백가(protein score, PS): 식품중의 단백질 질소 1g당 각 필수아미노산의 양을 FAO(1957년) 비교단백질의 필수아미노산의 조성과 비교하는 것이다.

$$\text{단백가} = \frac{\text{식품단백질 중의 제 1제한 아미노산의 함량(mg/Ng)}}{\text{FAO(1957)의 바교단백질의 아미노산의 함량(mg/Ng)}} \times 100$$

② 아미노산가(amino acid score, AAS): FAO/WHO/UNC(1973)의 표준아미노산 구성에 대한 제 1제한 아미노산의 함량비(%)이다.

$$\text{아미노산가} = \frac{\text{식품단백질 중의 제 1제한 아미노산 함량(mg/Ng)}}{\text{잠정기준의 위에 해당하는 아미노산의 함량(mg/Ng)}} \times 100$$

표 4-7 단백질의 화학적 영양평가 방법

평가구분	방 법
아미노산 조성	• 단백가(Protein Score) FAO(1957)의 비교단백질에 대한 제 1제한 아미노산의 함량비(%) • 화학가(Chemical Score): 기준단백질에 대한 제 1제한 아미노산 함량비(%) • 난가(Egg Score)FAO/WHO(1965): 계란단백질에 대한 제 1제한 아미노산의 함량비(%) • 인유가(Human Milk Score)FAO/WHO(1965): 인유단백질에 대한 제 1제한 아미노산의 함량비(%) • 아미노산가(Amino Acid Score)FAO/WHO/UNC(1985): 표준아미노산 구성에 대한 제 1제한 아미노산의 함량비(%)

표 4-8 식품단백질의 평가

단백질 급원식품	아미노산가	BV	NPU	PER
달걀	100	94	94	3.92
육류, 어류, 가금류	66~70	74~76	57~80	2.30~3.55
우유	60	85	82	3.09
밀가루	28~44	52~65	40	0.6~1.53
옥수수	41	60	51	1.12
대두	47	71	61	2.32
두류(대두 이외의)	28~43	55	48	1.65

8. 단백질의 상호보충 효과 (supplementary effect of protein)

(1) 단백질의 상호보충 효과(단백질의 보족효과, 아미노산의 보강)

질이 낮은 단백질에 부족한 아미노산을 보충하거나 그 아미노산을 함유하는 단백질과 함께 섭취함으로써 부족된 필수아미노산을 보충하여 단백질의 질을 향상시키는 것이다.

(예) 쌀(lysine, threonine 부족) + 콩(쌀에 부족한 제한아미노산 풍부)
밀(lysine, tryptophan 부족) + 우유(밀에 부족한 제한아미노산 풍부)

(2) 아미노산의 불균형(amino acid imbalance)

실제 제한아미노산을 보충할 때 한 개의 아미노산이 너무 많이 첨가되거나, 동물성식품의 과잉섭취로 필수아미노산의 상대적인 비율이 적당하지 않은 경우를 말한다. 이런 경우에는 양적으로는 충분하여도 아미노산의 이용에 방해가 되어 영양가가 낮아지고 성장이 저하될 수 있다.

9. 단백질 영양섭취기준

(1) 질소평형(Nitrogen Balance)

질소섭취량과 질소배설량이 같은 상태이다.

조건	측정	의의
질소평형	N섭취량 = N배설량	조직의 유지와 보수
양의 질소평형	N섭취량 > N배설량	성장, 임신, 질병의 회복기, 운동훈련시
음의 질소평형	N섭취량 < N배설량	신체의 소모, 체중감소, 기아 질병, 수술, 화상 등

(2) 단백질 필요량에 영향을 미치는 요인

① 체격 : 근육이 많을수록 근육유지를 위해 단백질 필요량이 증가한다.

② 연령 : 성장기 어린이나 청소년기에 필요량이 증가한다.

③ 신체의 건강상태 : 질병, 전염병, 수술의 경우 단백질 이용률의 감소와 함께 새로운 조직의 합성을 위해서 필요량이 증가한다.

④ 식이 중 열량식품 공급 : 탄수화물, 지방공급이 부족할 경우 열량원으로 쓰이기 위해 필요량이 증가한다.

⑤ 단백질의 질: 식물성단백질이 동물성단백질보다 생물가가 낮아 더 많이 섭취해야 한다.

(3) 단백질 영양섭취기준

한국인 영양소섭취 기준에서는 성인 남자 50g, 성인여자 45g을 권장하고 있다.

10. 단백질의 급원

어육류, 난류, 유제품 등의 동물성 식품, 콩류나 견과류의 식물성 식품 등에 풍부하다.

11. 단백질과 건강

(1) 단백질-에너지 영양불량(PEM, Protein and energy malnutrition)

단백질과 열량이 부족한 식사로 인한 영양결핍증으로 성장이 저해되고 질병에 걸리기 쉽다

① 콰시오커(Kwashiorkor) : 에너지도 부족하지만 단백질이 많이 부족한 상태에서 나타나는 질병이다.

② 마라스무스(Marasmus) : 에너지와 단백질이 모두 부족한 기아상태에서

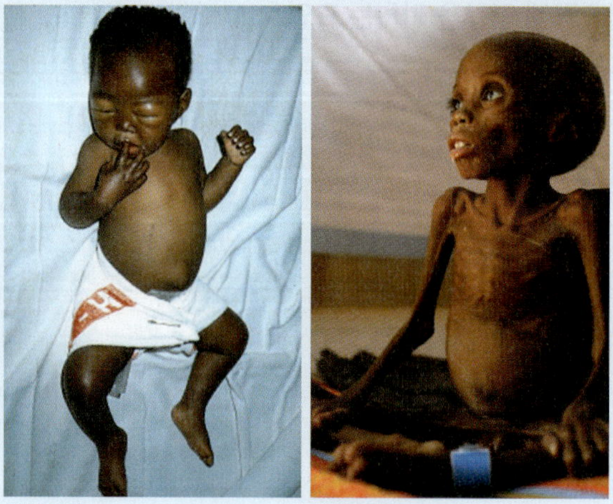

그림 4-12 마라스무스와 콰시오커

나타나는 질병이다.

(2) 단백질 과잉섭취의 문제점

대사 항진, 체중 증가, 혈압 상승, 피로, 골다공증, 요독증, 간성 혼수를 유발할 수 있다.

표 4-9 단백질 결핍증

특징	콰시오커	마라스무스
발생시기	12~48개월 (이유 후 어린이나 5세 이하의 급성장기 어린이)	6~18개월(이유기와 유아기)
체중	저체중	극저체중
외모	둥근 얼굴(moon face) 근육약화, 체지방 정상, 지방간, 간비대, 피부염, 머리털 변색, 부종	근육쇠퇴,체지방감소 피부, 모발, 간기능 정상
신경계	무감각, 냉담, 의욕상실	신경질적, 잘 놀람

| 요 | 약 |

단백질은 탄소, 수소, 산소, 질소로 이루어진 아미노산으로 결합된 유기화합물이다. 20개의 아미노산 중 인체에서 합성이 불가능한 9개의 아미노산을 필수아미노산이라 하며 11개는 불필수아미노산이다. 모든 아미노산은 아미노산 풀을 통하여 단백질로 합성된다.

필수아미노산을 모두 포함한 식품을 완전 단백질(complete protein)이라 하며 불완전 단백질(incomplete protein)은 한 개 이상의 필수아미노산이 부족한 것을 말한다.

식품에 포함된 단백질은 인체를 구성하는 단백질과 동일하지 않으며 소화의 과정을 통하여 아미노산으로 분해된 후 흡수된다. 흡수된 아미노산은 혈액으로 이동하여 새로운 단백질을 형성한다. 단백질은 인체의 성장과 유지, 면역반응, 수분조절, 산-염기조절, 수송체로서의 기능을 한다. 단백질열량 영양실조, 마라스무스, 콰시오커 등이 주요 영양장애이다.

| 주 | 요 | 용 | 어 |

단백질(proteins) 아미노산으로 이루어진 유기화합물

단백질열량 영양불량(protein energy malnutrition, PEM) 단백질, 에너지, 또는 단백질과 에너지의 부족에 의해 야기되는 영양불량

단백질 효율(protein efficiency ratio, PER) 단백질 섭취로 인한 체중증가를 비교하여 식품 단백질의 질을 결정하는 방법

디펩티다아제(dipeptidase) 단백질의 아미노산으로의 가수분해를 완결하는 장내 단백분해효소

마라스무스(marasmus) 에너지와 단백질 부족에 의한 영양실조

불완전 단백질(incomplete protein) 필수아미노산 중에서 한 개 이상의 아미노산이 부족한 단백질

불필수아미노산(nonessential amino acids, NEAAs) 인체내에서 합성되는 아미노산

변성(denatured) 열, 빛, 산, 알코올, 기계적 작용에 의해 단백질 구조의 모양의 변화

생물가(biologic value) 소화, 흡수, 배설 이후 인체에 보유된 질소의 양을 측정하여 식품 단백질의 질을 평가하는 방법

아미노산 풀(amino acids pool) 체내 아미노산의 순환

아미노산(amino acids) 탄소, 수소, 산소, 질소를 포함하는 유기 복합물

아미노산가(amino acid score) 제한 아미노산에 근거한 기준 단백질과 비교하여 식품의 아미노산 조성 측정

아미노펩티다아제(aminopeptidase) 짧은 펩티드 사슬 말단의 아미노기로부터 아미노산을 방출하는 장내 단백분해효소

요소(urea) 탈아미노화 동안에 생산된 암모니아의 전환물

완전 단백질(complete protein) 9개의 모든 필수아미노산을 포함한 단백질

카르복시펩티다아제(carboxypeptidase) 폴리펩티드와 디펩티드를 아미노산으로 가수분해하는 췌장 단백분해효소

키모트립신(chymotrypsin) 폴리펩티드를 디펩티드로 가수분해하는 췌장 단백분해효소

콰시오커(kwashiorkor) 에너지에 비해 단백질이 부족한 영양불량

탈아미노화(deamination) 아미노산에서 아미노기를 분리시켜 암모니아와 케톤산으로 만드는 과정

트립신(trypsin) 췌장의 일차 단백분해효소

프로테아제(proteases) 단백분해효소

펩시노겐(pepsinogen) 펩신의 비활성 형태

펩신(pepsin) 위액의 단백분해효소

필수아미노산(essential amino acids, EAAs) 인체 내에서 합성할 수 없는 아미노산

| 복 | 습 | 하 | 기 |

1. 체내에서 합성되지 않는 필수 아미노산으로만 된 것은?

① 글리신, 티로신
② 글루타민, 리신
③ 트립토판, 리신
④ 알라닌, 시스틴

2. 영양적으로 중요한 구형단백질이면서 완전 단백질에 속하는 단백질은?

① 오브 알부민, 우유 카제인
② 콜라겐, 옥수수 제인
③ 케라틴, 밀 글리아딘
④ 펩톤, 우유 카제인

3. 성장지연과 체중감소가 일어나 결국 사망하게 되는 불완전 단백질에 속하는 단백질은?

① 옥수수의 제인
② 콩의 글리시닌
③ 우유의 카제인
④ 밀의 글루테닌

4. 단백질 식품은 소화가 되는데 소화기관이 분해되지 않는 이유를 바르게 설명한 것은?

① 단백질 분해효소는 위로 배출될 때 활성을 갖는다.
② 단백질 분해는 간과 췌장 내에서만 분해된다.
③점액다당류가 장벽을 둘러싸 소화효소의 작용을 받지 못하도록 한다.
④ 단백질은 소화효소의 작용을 받지 않고 그대로 흡수된다.

5. 위에서 분비되는 단백질 소화효소나 염산이 위벽을 분해시키지 않게 하는 위 내벽 보호 물질은?
① 펩신
② 점액 다당류
③ 가스트린
④ 트립신

6. 고단백위주의 식사는 단백질성분이 에너지로 사용된다. 이때 질소성분이 분해되고 탄소골격은 에너지 대사과정으로 들어가며 분해된 질소 성분은 간에서 (　)로 합성되어 뇨로 배설되며, 단백질이나 지방만을 에너지원으로 사용할 경우 생길 수 있는 체내 현상은?
① 요소 - 케톤체 증가
② 암모니아 - 아미노산 증가
③ 크레아틴 - 인슐린 증가
④ 요산 - 지방산

복습하기

정답 및 해설

정답과 힌트

1. ③
2. ①

구형 단백질은 수용성으로서 대부분의 효소, 단백 호르몬과 혈장단백질 등이 그 예이다. 구형 단백질 중 영양적으로 중요한 것은 카제인, 달걀 알부민, 혈중 알부민과 글로불린, 헤모글로빈 등이다.

3. ①

불완전단백질은 단백질급원이나 이것만을 섭취하였을 때 성장이 지연되고 체중이 감소하며 장기간 지속되면 사망한다. 젤라틴, 옥수수의 제인이 있다.

4. ③

단백질 분해효소는 불활성 효소로 존재하며, 단백질 식품 섭취시 활성화되어 식품을 분해한다. 위벽과 장벽 세포가 분비하는 점성 물질인 점액 다당류가 장벽을 둘러싸고 있어 단백질 분해효소의 작용을 받지 못하도록 보호하고 있다.

5. ②

6. ①

고단백 식이 때 질소배설량이 저단백 식이 때보다 현저히 높으며, 대부분 요소 질소다.

Chapter

05

제 5 장

지용성 비타민

학습목표

이 장을 학습함으로써

1. 지용성 비타민을 분류하고 특성 및 기능을 알 수 있다.
2. 비타민 A의 체내에서의 작용, 결핍증, 과잉증 등에 대해 알 수 있다.
3. 비타민 D의 체내에서의 작용, 결핍증, 과잉증 등에 대해 알 수 있다.
4. 비타민 E의 체내에서의 작용, 결핍증 등에 대해 알 수 있다.
5. 비타민 K의 체내에서의 작용과 급원식품에 대해 대하여 알 수 있다.

1. 지용성 비타민의 특성

탄소, 수소, 산소로 구성되어 있으며 유기용매에 녹고, 지질과 함께 림프관으로 흡수되며 여분의 양은 체내에 저장(간, 지방조직)되며 결핍증이 서서히 나타난다. 필요량을 매일 공급할 필요는 없으며 전구체가 존재한다.

다른 영양소와 달리 소량으로 사람을 포함한 동물의 정상적인 성장과 생리기능 유지 등 정상적인 대사활동에 필수적이며 체내합성이 어려워 식품으로부터 반드시 공급되어야 하는 유기화합물이다. 비타민 자체는 조직의 성분이나 에너지급원은 아니지만 조직합성, 에너지 발생과정을 조절해 주는 필수인자이며 조효소로 작용한다.

비타민 전구체(provitamin)는 생리적으로 활성이 있는 비타민과 화학적인 구조가 유사하지만 체내에 흡수되어야 비로소 활성화되는 물질이다. 베타-카로틴(β-carotene)은 비타민 A 전구체로 소장점막에서 레티놀(retinol)로 전환되며, 7-디하이드로콜레스테롤(7-dehydrocholesterol)은 자외선 조사에 의해 비타민D_3로, 에르고스테롤(ergosterol)은 자외선에 의해 비타민 D_2 로 전환된다. 트립토판(tryptophan)은 간에서 니아신(niacin)으로 전환된다.

표 5-1 지용성 비타민과 수용성 비타민의 특성

구분	지용성 비타민	수용성 비타민
성질	기름과 유기용매에 녹음.	물에 녹음.
구성성분	탄소, 수소, 산소	탄소, 수소, 산소, 질소 외에 경우에 따라 황(S), 코발트(Co)함유
필요량	결핍증세가 서서히 나타나므로 필요량을 매일 공급해 주지 않아도 된다. 1주~1달 간격으로 주기적인 복용이 필요함.	필요량을 매일 공급하지 않으면 결핍증세가 빨리 나타남.
독성	보충제로 필요량 이상 섭취하면 간과 지방 조직에 저장되어 체외로 쉽게 배설되지 않으므로 독성이 나타날 수 있음.	필요량 이상 섭취해도 체내에 저장되지 않고 쉽게 소변으로 배설되므로 독성 수준에 도달하기 어려움.

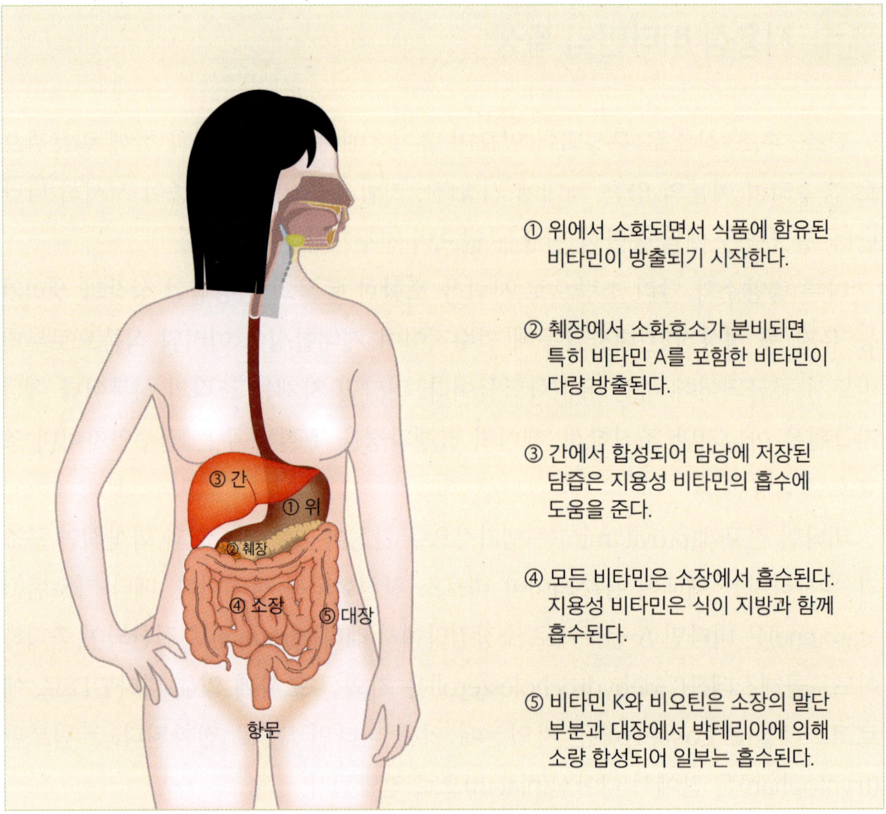

그림 5-1 비타민의 소화, 흡수

항비타민(antivitamins, antagonist)은 비타민과 화학적 구조와 성질이 매우 유사하나 정상적인 신체의 생리작용을 저해한다. 예를 들어 천연 항비타민제인 디쿠마롤(dicumarol)은 비타민K의 작용을 억제하며, 아비딘(avidin)은 비오틴의 작용을 억제하며 인공합성제제 데옥시피리독신(deoxypyridoxine)은 비타민 B_6 의작용을 억제한다.

1) 비타민 A

비타민A는 활성형인 레티노이드(retinoid)와 불활성형인 카로티노이드(carotenoid)를 말하며 레티노이드는 레틴올(retinol), 레티날(retinal) 및 레티노익산(retinoic acid)이 있으며, 카로티노이드 중에서는 β-카로틴이 체내에서 비타민 A로 전환된다. 비타민 A로 전환되지 않는 카로티노이드에는 리코펜(lycopene), 아스타잔틴(astaxanthin), 제아잔틴(zeaxanthin), 루테인(luteine) 등이 있다.

(1) 비타민 A의 생리기능

비타민 A는 시각과 점막을 정상으로 유지하며 세포분화와 생식 뿐아니라 성장발달을 도와준다. 또한 상피세포인 피부, 호흡기내막, 장 내막 같은 보호벽을 유지해 질병으로부터 보호하는 면역계를 돕는다. 비타민 A는 뼈의 생성과 분해의 균형을 맞추는데도 필요한데 특히 뼈의 재구성에 더 관여하므로 뼈 건강을 위해 필요하다. 식물성 식품에 함유된 카로틴은 체내에서 비타민 A로 전환되어 비타민 A의 효능을 나타낸다. 캐로티노이드는 항산화작용이 우수하며 특정 암 발생을 낮출 수 있다고 한다.

알 | 고 | 가 | 기

시각과 비타민 A

망막에는 원추세포와 간상세포가 있다. 원추세포는 밝은 곳에서 강한 빛에 흥분되어 명암이나 형태시각, 색채감각을 일으킨다. 간상세포는 어두운 곳에서 작용하여 명암과 형태시각만을 일으킨다.
간상세포 속에는 로돕신(rhodopsin, visual purple)이 있는데 이것은 opsin이란 단백질과 비타민 A(retinol)가 산화되어 aldehyde체로 된 cis- 레티날(retinal)이 결합한 것이다. 이 로돕신이 빛을 받으면 옵신과 trans 레티날이 되며 trans -레티날은 cis- 레티날과 레티노익산으로 전환되며 옵신은 다시 cis-레티날과 결합하여 로돕신이 된다. 비타민 A가 결핍되면 cis -레티날이 충분히 생성되지 않아 로돕신을 생성하지 못해 야맹증(nyctalopia)을 일으킨다.

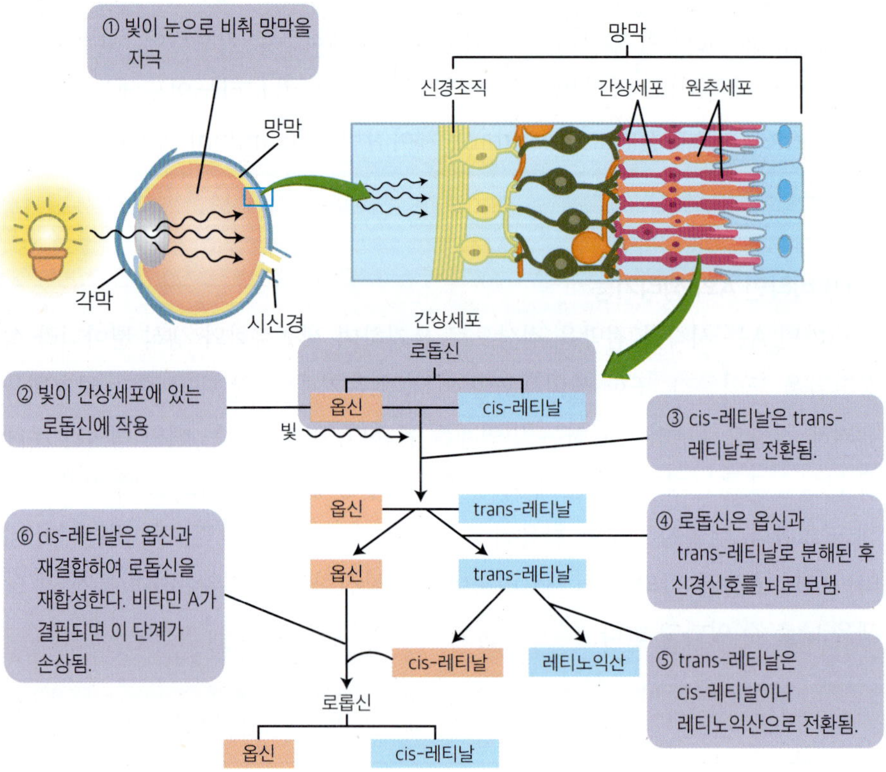

그림 5-2 비타민 A와 시각
출처: Michelle McGuire Kathy A. Beerman, Nutritional sciences from fundamentals to food 3rd ed. 2013

(2) 비타민 A의 대사

우리가 섭취한 식품에 함유되어 있는 비타민 A의 대부분은 지방산과 결합된 형태인 레티닐에스테르로 체내에 저장된다. 소장에서 담즙과 췌장효소에 의해 레티닐에스테르는 지방산과 레티놀(또는 카로틴)로 분리되어 미셀(입자) 형태로 되어 점막세포 내로 흡수된 후 다시 지질과 결합하여 카일로마이크론을 구성해 림프로 들어간 후 흉관을 통해 혈류로 들어와 간으로 운반되어 대사되고 저장된다. 정상적인 식사를 하는 건강한 사람의 비타민 A의 흡수율은 80%이상이며 카로티노이드의 흡수율은 비타민 A의 약 반 정도로 식이 내 카로티노이드 함량이 증가하면 그 흡수율은 상대적으로 감소한다. 레티놀은 간에서 혈류로 나갈 때 간에서 만든 레티놀 결합단백질과 결합하여 눈과 다른 조직으로 나가지만 카로티노이드는 VLDL에 의해 전체 조직으로 운반된다.

(3) 비타민 A 영양섭취기준

식물성 식품에 함유된 비타민 A는 지용성 용매에 가열하는 것이 흡수율도 높아진다. 한국인 영양섭취기준에서는 하루 성인 남자 19세~29세 800 ㎍RAE, 30~49세 750 ㎍RAE, 성인 여자는 19~49세 모두 650 ㎍RAE 을 섭취하는 것을 권장하고 있다.

(4) 결핍증

비타민 A가 결핍되면 결막이나 각막의 표면이 건조하고 뿌옇게 탁해지고, 연화되며, 감염되어 화농하면 실명하는 안구건조증이 생기며 야맹증, 미각, 후각의 기능이 저하되며 피부가 거칠어지거나 입술이 갈라지며 손톱도 약하게 물러진다. 점막이 약해져 감기에 걸리기 쉽고 감염증에 걸리기 쉬우며 성장발육이 늦다.

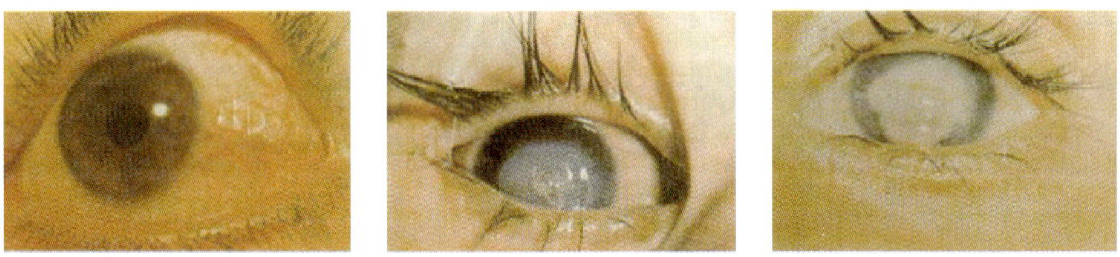

결막건조증 / 각막연화증 / 심한 각막연화증(실명단계)

그림 5-3 비타민 A 결핍증

(5) 과잉증

비타민 A는 과량 섭취하면 피로감, 구토증, 수면장애, 식욕부진, 피부가 거칠어지는 등의 증세가 나타난다. 그러므로 1일 상한섭취량인 3,000 ㎍RAE이상은 섭취하지 않도록 한다. 베타카로틴은 보충제로 섭취하면 흡연자나 석면에 노출된 경우 폐암발생 위험을 증가시킨다 하므로 섭취하지 않는 것이 바람직하다.

그림 5-4 베타카로틴을 과잉섭취했을 때 나타나는 증상

베타카로틴 함유식품을 과잉섭취하면 손바닥 등에 침착되어 노랗게 되나 섭취를 멈추면 피부색이 원래로 돌아온다.

(6) 비타민 A급원식품

비타민 A는 동물성 급원으로 식품중에 레티닐 에스테르의 형태로 있다. 비타민 A는 간, 간유, 우유와 유제품, 버터, 계란 등이 있으며 식물성 식품에는 비타민 A는 들어 있지 않으나 비타민 A의 전구체인 카로티노이드가 풍부하다. 카로티노이드가 풍부한 식품으로는 시금치, 당근, 호박, 풋고추, 무청, 감, 토마토, 복숭아, 살구, 김 등이 있다.

표 5-2 식품중의 비타민 A 함량 (㎍RAE)

식품	함유량
소간(60g)	5,700
당근 (70g)	890
깻잎(70g)	1,067
아욱 (70g)	800

2) 비타민 D

비타민D는 항구루병인자로 생물학적 활성이 높은 것은 D_2와 D_3이다. 비타민 D_2는 식물성스테롤인 에르고스테롤에서, 비타민D_3는 동물성스테롤인 7-디하이

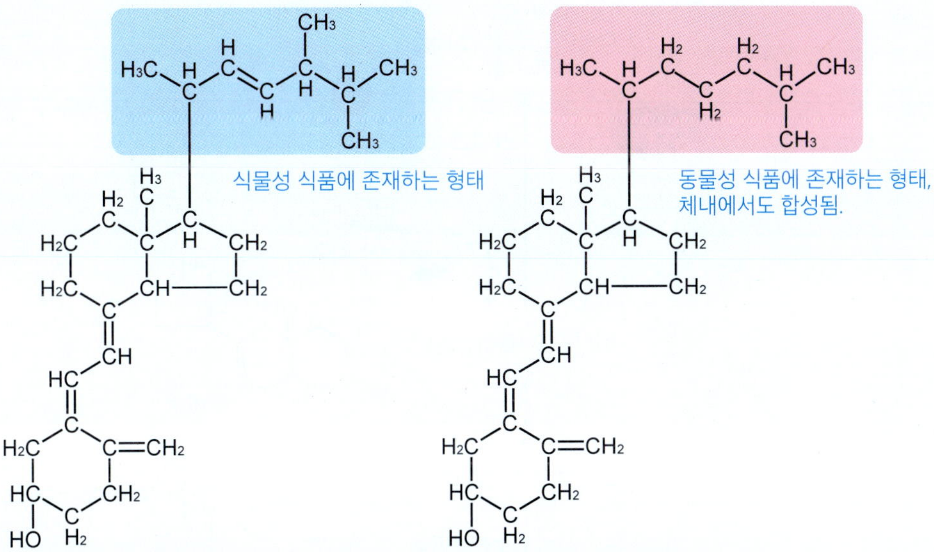

비타민 D_2(에르고칼시페롤, ergocalciferol)　　비타민 D_3(콜레칼시페롤, cholecalciferol)

그림 5-5 **비타민 D의 구조**

드로 콜레스테롤에서 합성된다. 사람은 음식물에서 비타민D를 섭취할 뿐 아니라 체내에서 프로비타민D가 자외선에 의하여 비타민D로 전환된다. 섭취된 비타민D는 간에 가장 많이 저장되고 다음으로 피부, 폐, 비장, 뇌, 뼈 등에도 저장된다.

(1) 생리기능

칼슘과 인의 흡수를 촉진시키며 조직 중의 인산을 칼슘과 결합시켜 뼈에 침착시킨다. 치아건강에 필수적이며 성장기 어린이의 치아와 뼈 형성을 도와준다. 혈액 중의 칼슘농도를 조정하는 부갑상선의 기능을 원활하게 해 주고, 갑상선의 기능을 도와준다. 비타민D_3(cholecalciferol)는 섭취된 후 간에서 수산기(OH)를 얻어 하이드록시콜레칼리페롤[(hydroxycholecalciferol(25-(OH)-D_3)]로 되고 다시 신장에서 수산기(OH) 하나를 더 얻어 1,25다이하이드록시콜레칼시페롤[(cholecalciferol)] (1,25-$(OH)_2$-D_3)로 활성형이 되어 칼시트리올(calcitriol)이라고도 하며 칼슘흡수에 필요하다.

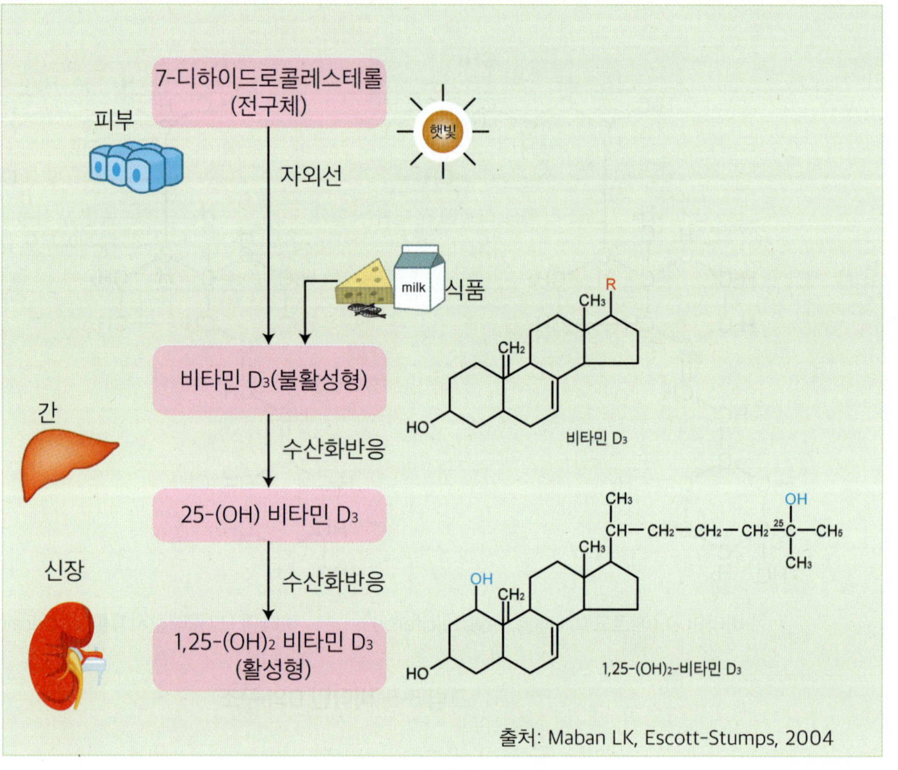

그림 5-6 **비타민 D 활성화**

(2) 흡수 및 대사

식품을 통해 섭취된 비타민 D는 약 80%정도가 흡수된다. 흡수되기 위해서는 담즙산이 필요하며 소장의 공장과 회장에서 흡수된다. 소장 점막으로 흡수된 비타민 D는 중성지방이나 콜레스테롤처럼 카일로미크론의 형태로 림프계를 거쳐 간으로 운반된다. 간에서 25-(OH)-비타민 D가 되어 순환계로 들어간다. 혈장에서 25-(OH)-비타민 D는 신장으로 이동된 후 혈액 칼슘 농도의 변화에 반응하여 1,25-$(OH)_2$-비타민 D로 활성화되며 활성화된 비타민 D는 체내에서 이용된 후 담즙의 형태로 배설되고 소량은 소변을 통해 배설된다.

(3) 비타민 D의 칼슘 항상성 조절

비타민 D는 혈중 칼슘 농도를 조절하여 칼슘 항상성을 유지한다. 혈액의 칼

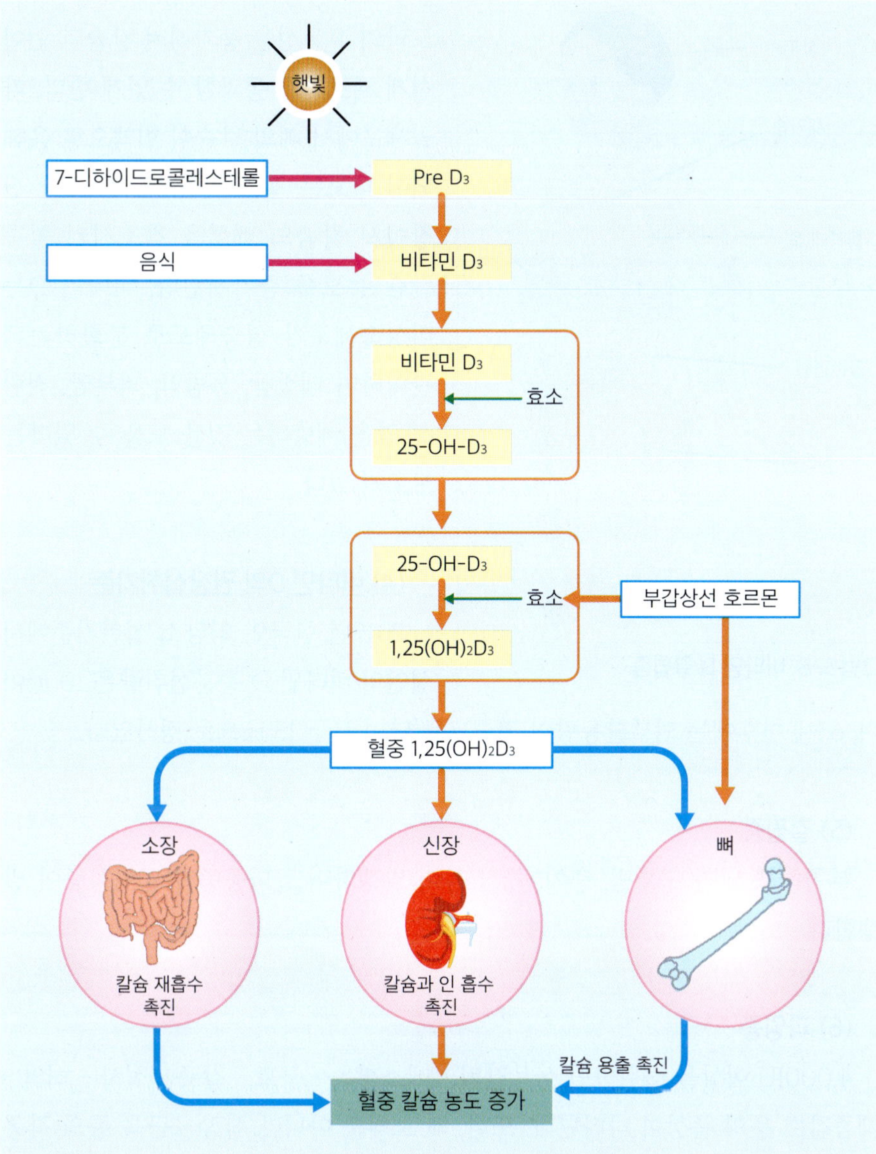

그림 5-7 비타민 D의 칼슘 항상성 조절 기전

슘농도가 감소하면 부갑상선 호르몬이 분비되어 신장에서 활성형 비타민 D의 형성을 촉진한다. 활성형 비타민 D는 소장 점막세포에서 칼슘과 인의 흡수를 촉진시켜 칼슘 결합단백질을 비롯해 칼슘의 흡수에 필요한 단백질을 합성하고 세

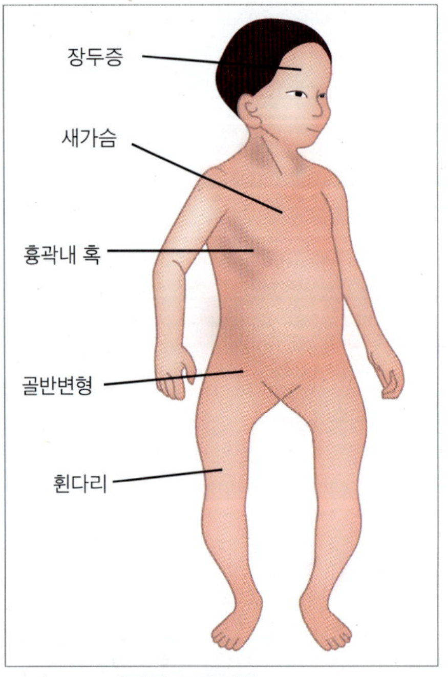

그림 5-8 비타민 D 결핍증

포막의 유동성을 증가시켜 칼슘과 인이 쉽게 세포막을 통과할 수 있게 한다. 파골세포에서 뼈의 칼슘이 혈액으로 용해되어 나오는 것을 촉진시킨다. 또한 신장에서 칼슘의 배설을 감소시켜 혈중 칼슘 농도를 증가시킨다. 비타민 D는 미성숙세포가 성숙세포로 분화하는데 관여하며 대장암, 유방암, 피부암, 전립선 암을 예방하는 것을 도울 수 있다는 보고가 있다.

(4) 비타민 D의 권장섭취기준

2015년 한국인 영양소 섭취기준에서 성인의 비타민 D 충분섭취량은 10 ㎍이며, 65세 이후에는 외부활동량이 적으므로 남녀 모두 15 ㎍으로 정하였다.

(5) 결핍증

부족하게 되면 구루병, 충치, 골절 등이 발생하며 골다공증과 골연화증이 발생한다.

(6) 과잉증

4,000IU 이상을 섭취하면 식욕감퇴 · 메스꺼움 · 구토 · 갈증 · 설사 · 허약 · 체중감소 등의 증상이 나타난다. 또한, 뼈 조직뿐 아니라 심장 · 근육 등의 각종 연조직에 칼슘이 침착되며 신장에 석회화가 일어나 기능장애를 일으켜 요독증이 되는 경우도 있다.

(7) 급원식품

생선 간유, 표고버섯, 정어리, 고등어, 말린 생선, 난황 등이 있다.

3) 비타민 E

비타민 E는 연황색의 점성 있는 기름으로 열에 안정하나 산화와 자외선에 의해 쉽게 파괴된다. 식품중의 비타민 A나 카로틴, 불포화 지방산 등 다른 화합물들을 산화로부터 보호하는 항산화제이다.

(1) 생리기능

비타민 E는 지용성 항산화제로 다불포화지방산(polyunsaturated fatty acid, PUFA)의 산화를 막는다. 인체내 대사과정동안 산소는 때로 유리라디칼(free radicals)이라고 알려진 강력한 파괴력을 가진 중간 대사물로 환원이 된다. 유리라디칼들은 지질과산화(lipid peroxidation)에 의해 세포막에 있는 불포화 지방산을 산화시킨다. 지질과산화는 연쇄반응이며 세포의 구조를 손상시키고 세포의 기능을 변화시킨다. 비타민 E는 지질과산화의 연쇄반응을 차단하여 세포막 손상을 막아 세포막을 보호한다. 이러한 항산화작용은 암발생위험을 낮출 수 있는 가능성이 있다고 하며 동맥의 플라크 형성을 억제하여 심장건강에 도움을 줄 수 있으며 백내장 발생위험을 낮출 수 있다고 한다.

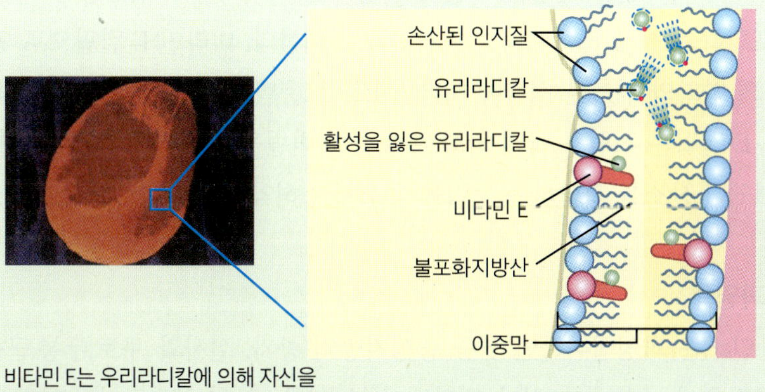

비타민 E는 우리라디칼에 의해 자신을 산화함으로써 세포막에 있는 불포화지방산이 산화되지 않게 보호함

그림 5-9 비타민 E의 항산화작용

알 | 고 | 가 | 기

적혈구 용혈(erythrocyte hemolysis)

혈중 비타민 E 농도가 어떤 수준 이하로 떨어지면 적혈구가 파열되어 나오는 증세로 주로 임신 마지막 수 주 동안에 모체로부터 영아에게 비타민 E 전달이 일어나기 전에 태어난 미숙아에게서 발견된다. 이는 적혈구 세포막에 있는 다불포화지방산(PUFA)의 산화로 인한 세포막의 손상이 원인인 것으로 알려져 있다.

(2) 흡수와 대사

비타민 E는 소장점막에서 흡수되며, 담즙을 필요로 하고 카일로마이크론에 실려 림프관을 경유하여 일반 순환계로 들어간다. 혈중에서는 지단백에 의해 운반되며 주로 지방조직에 저장되고 소량이 간과 근육조직에서 발견된다. 부신선(adrenal gland)과 뇌하수체(pituitary gland)도 상당량의 비타민 E를 포함한다. 비타민 E의 흡수는 A보다 덜 효율적이며 섭취량의 50~80%만이 혈류로 흡수된다. 섭취량이 증가할수록 흡수효율은 낮아진다. 비타민 E의 대사물들은 소변과 대변으로 배설된다.

(3) 결핍증

사람에게 비타민 E 결핍은 드물지만 장기간의 비타민 E 결핍증은 척추와 망막을 포함하는 신경 근육계의 기능저하를 초래한다. 비타민 E 결핍으로 인한 신경근육의 약화와 위축은 식사에 비타민 E를 보충함으로서 치유될 수 있다. 또한 비타민 E 결핍은 적혈구 막의 약화로 용혈성 빈혈을 유발할 수 있다. 용혈성 빈혈은 혈액이 산소를 전달하는 능력을 감소시켜 허약해지고 피로를 느끼게 된다.

(4) 과잉증

비타민 E는 과잉섭취하면 혈중 중성지방의 증가, 설사와 구토,두통,근육약화 등의 부작용이 나타날 수 있다. 비타민 E 보충제는 안전하여 독성이 없다고 하나 너무 많이 섭취하면 비타민 K의 혈액 응고작용을 방해할 수 있고 혈액응고 방지 약물의 항응고 효과를 높여 지혈이 지연된다.

(5) 영양섭취기준

한국인의 성인 남녀 영양섭취기준은 모두 하루 10㎎ α-TE(tocopherol activity equivalent, α-TE)이다. 식물유나 생선유가 풍부한 식사로 다량의 다가 불포화지방산(PUFA)을 섭취하는 사람들은 지질과산화를 방지하기 위해 보다 많은 비타민 E를 필요로 한다.

(6) 급원식품

주요 급원식품은 식용유, 마가린, 전곡, 견과류, 종실류, 콩류, 진한 녹색 잎채소이며 육류, 조육, 생선, 계란 등에도 적은 양이 함유되어 있다. 식물유중 밀 배아유와 대두유는 특히 비타민 E가 풍부하다.

4) 비타민 K

(1) 구조와 성질

비타민 K는 퀴논(quninone)류에 속하는 황색의 결정체 화합물이다. 자연계에는 K_1필로퀴논(phylloquinone)과 K_2 메나퀴논(menaquinone)이 있으며 K_1은 자

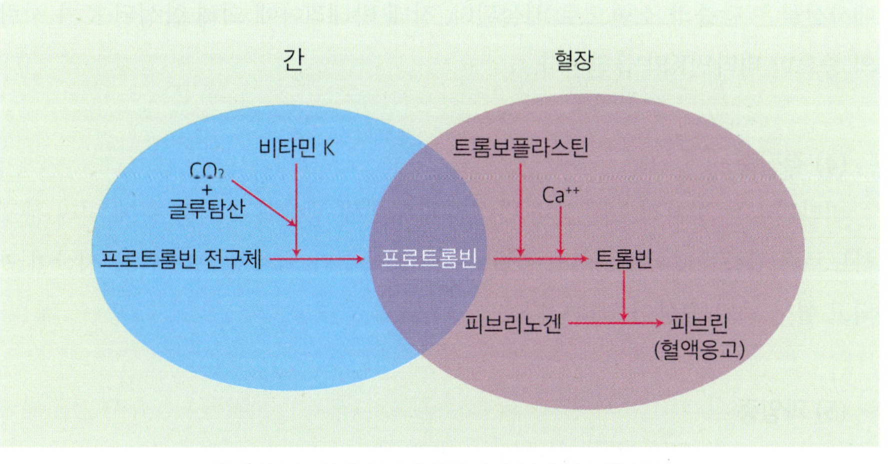

그림 5-10 혈액응고과정에서의 비타민 K의 역할

연식물에서 합성되고 K_2는 미생물의 대사산물로서 장내 박테리아에 의해 합성되므로 동물에서 발견되며 K_1에 비해 75%의 활성을 가진다. K_3(menadione)는 자연에 존재하지 않고 합성된 형태이다.

(2) 생리기능

비타민 K는 혈액응고에 관여한다. 비타민 K는 프로트롬빈 전구체 분자내의 글루타민산 잔기와 카르복시화를 활성화시키며, 프로트롬빈은 활성형인 트롬빈으로 전환되고 트롬빈은 혈액응고의 기초가 되는 피브린(fibrin)의 형성에 필요하다. 비타민 K는 또한 뼈 단백질의 합성에 참여한다. 뼈 단백질의 합성속도는 비타민 D에 의해 조절되나 비타민 K가 없이는 뼈는 무기질에 결합할 수 없는 비정상적인 단백질을 생성한다. 위장관의 박테리아는 비타민 K를 합성할 수 있으나 박테리아에 의한 합성만으로는 신체의 요구량을 모두 충족시키기에는 불충분하다.

(3) 흡수와 대사

카일로마이크론은 비타민 K를 간으로 운반하고 간에서 초저밀도지단백(VLDL)과 결합하여 순환계로 들어간다. 비타민 K는 간에 짧은 시간동안 저장되기는 하나 체내 저장량은 소량이다. 소량이 피부, 근육, 신장, 심장 등에 있으며 대사산물은 담즙과 소변으로 배설된다. 장내 박테리아에 의해 합성된 K_2가 사람의 중요한 비타민K의 급원이다.

(4) 결핍증

비타민 K는 정상적으로 장내 박테리아에 의해 생산되고 식품 중에 널리 분포하므로 결핍증은 흔하지 않다. 결핍되면 지방흡수가 되지 않으며 담즙 생산이 안되고 설사 등의 증상이 나타난다.

(5) 과잉증

비타민 K 과잉증은 흔하지 않다. 그러나 영아나 임산부에게 비타민 K 보충물이 처방될 때 일어날 수 있다. 중독 증세로는 적혈구 용혈, 황달, 뇌손상 등이 보고되어 있다. 디쿠마롤(Dicumarol)과 쿠마딘(Coumadin)과 같은 항응고제들은 응고과정을 느리게 함으로써 비타민 K의 길항작용이 있다. 비타민 K를 다량 복용하면 혈액 항응고제의 효과를 감소시키므로 항응고제를 복용하는 사람은 주의 한다.

(6) 영양섭취기준

비타민 K는 광범위하게 식품 중에 존재할 뿐 아니라 인간의 공장, 회장 부분에서 장내 박테리아에 의해 합성되어 1일 요구량의 약 50%가 공급되므로 정상적인 상태에서는 비타민 K 부족증은 거의 없다. 한국인의 하루 충분섭취량은 성인남자 75㎍, 성인여자 65㎍을 권장하고 있다.

(7) 급원식품

일반적으로 녹색 잎채소 특히 푸른 완두, 브로콜리, 시금치와 양배추-콜리플라워과에 속하는 채소류들이 가장 좋은 급원이며 육류(특히 간)와 유제품, 과일, 곡물들도 좋은 급원식품이다.

표 5-3 각 식품들의 비타민 K함유량(100g당㎍)

케일	729	상치	129
녹차	712	캐비지	125
순무 잎	650	미나리	57
시금치	415	아스파라거스	57
브로콜리	200	귀치	20
녹색콩	14	완두콩	19
통밀	17		

그림 5-4 지용성 비타민의 특징

지용성 비타민	안정성	공급원	생리적 기능	결핍증	과잉증
비타민 A (retinol)	공기, 광선에 불안정	간, 버터, 난황, 당근	시각작용, 상피조직 보호, 생식기능, 성장과 관련	야맹증, 각막 건조·연화증	피로, 권태, 두통
비타민 D (calciferol)	공기, 광선, 열에 안정	말린 생선, 버섯, 청어, 연어, 달걀, 우유	뼈를 튼튼하게, 칼슘과 인의 체내 이용 도움	구루병 (유아, 어린이), 골연화증, 골다공증	혈액의 칼슘농도 증가, 식욕감퇴
비타민 E (tocopherol)		콩, 밀, 배아, 식물성유	항산화제, 적혈구보호, 고지혈증예방	적혈구 파괴, 신경 근육기능장애	두통, 구역질, 피로, 현기증
비타민 K		곡류, 콩기름, 푸른 채소	혈액응고에 필요, 간 기능 개선, 프로트롬빈생성 도움	혈액응고 안됨, 노화촉진	용혈성 빈혈, 황달

| 요 | 약 |

지용성 비타민에는 비타민 A, D, E, K가 있으며 체내에서 생리기능을 조절한다. 지용성 비타민은 인체에서 지질과 동일한 방법으로 흡수되며 담즙과 함께 림프계로 흡수된다. 지용성 비타민은 인체에 축적될 수 있기 때문에 보충제를 통한 섭취는 인체에 해가 될 수 있다.

| 주 | 요 | 용 | 어 |

각막연화증(keratomalacia) 비타민 A 결핍으로 각막이 단단한 단백조직을 형성하여 점차 건조해지고 두꺼워지는 상태

구루병(rickets) 비타민 D나 칼슘결핍으로 인해 불충분한 골화와 치아배열을 나타내는 아동기 장애

골다공증(osteoporosis) 골밀도가 저하되어 뼈가 부서지기 쉬운 다인성 장애

골연화증(osteomalacia) 비타민 D나 칼슘결핍으로 인해 골기질이 약해지고 석회화가 감소되는 성인기 장애

담관폐쇄증(biliary atresia) 담관이 폐쇄되어 지방소화를 위한 담즙 이용이 제한되는 선천성 상태

안구건조증(xerophthalmia) 비타민 A 결핍으로 인해 야맹증에서 각막연화증에 이르는 상태; 완전 실명에 이를 수 있음

야맹증(night blindness) 비타민 A 결핍으로 밝은 빛에서 어두운 빛으로 적응하는 눈의 능력이상으로 밤에 잘 안보임

운동실조(ataxia) 근육약화와 조정장애

| 복 | 습 | 하 | 기 |

1. 카로티노이드 중 비타민 A 활성이 가장 높은 것은?

① 크립토잔틴
② α-카로틴
③ β-카로틴
④ 리코펜

2. 식품으로 섭취한 영양소 중 림프를 거쳐 흡수되는 것은?

① 비타민 C
② 비타민 B_6
③ 비타민 B_1
④ 비타민 E

3. 다음 중 지용성 비타민에 대한 설명으로 가장 바람직한 것은?

① 유리형으로 존재하면서 혈액과 체액을 자유로이 순환한다.
② 과잉섭취를 해도 독성수준에 도달하기 매우 어렵다.
③ 림프로 먼저 들어간 후 혈액으로 흡수된다.
④ 과잉분은 소변으로 쉽게 배설된다.

4. 다음 중 비타민 E에 대한 설명으로 바람직하지 않은 것은?

① 지방산의 산화를 일으키는 유리라디칼을 제거한다.
② 비타민 E의 결핍은 거대적아구성 빈혈의 원인이 된다.
③ 섭취한 불포화지방산의 산화를 방지한다.
④ 비타민 C에 의해 환원되어 재사용 될 수 있다.

5. 간에서 혈액응고인자의 활성화에 관여하는 비타민은?

① 비타민 K
② 비타민 D
③ 비타민 E
④ 비타민 A

6. 식물성인 에르고스테롤과 동물성인 콜레칼시페롤이 대표적인 영양소는?

① 리보플라빈
② 비타민 D
③ 비타민 K
④ 비오틴

Chapter 05

정답과 힌트

1. ③

비타민 A의 전구체인 카로티노이드 중에서 가장 활성이 높은 것은 β-카로틴으로 α-카로틴, γ-카로틴, 크립토잔틴 등 다른 카로티노이드들에 비해 비타민A 활성이 두 배 이상이다.

2. ④

인체에서 수용성 비타민들은 혈액으로 직접 흡수되나 지용성 비타민은 먼저 림프로 들어간 후 혈액으로 들어간다. 수용성 비타민에는 비타민 B군과 비타민 C가 있으며 지용성 비타민에는 비타민 A, D, E, 및 K가 있다.

3. ③

혈액에서 많은 수용성 비타민들은 자유로이 돌아다니나 지용성 비타민들은 운반을 위해 단백질 운반체를 필요로 한다. 체세포에 도달하면 수용성 비타민들은 체액 내에서 자유로이 순환하지만 지용성 비타민들은 지방세포에 머물게 되어 쉽게 배설되지 않으므로 매일 섭취할 필요는 없으며 과잉섭취 시 독성을 나타낼 수 있다.

4. ②

비타민 E는 지용성으로 세포막의 인지질과 혈액 내 지단백에서 지방산의 산화를 일으키는 유리기를 제거하며 비타민 C와 같은 다른 항산화제에 의해 환원되어 재사용될 수도 있다. 또한 비타민E는 식이로 섭취한 불포화지방산과 비타민A의 산화를 방지한다. 거대적아구성 빈혈은 엽산이나 비타민 B_{12}의 결핍으로 발생되는 빈혈로 성숙한 정상 적혈구 수가 감소되어 산소운반 능력이 저하되는 빈혈을 말한다. 비타민 E

의 결핍은 적혈구의 파괴로 인해 나타나는 용혈성 빈혈의 원인이 된다.

5. ①

비타민 K는 간에서 혈액응고인자의 활성화에 관여한다. 혈액응고인자들은 간에서 불활성형 단백질의 형태로 합성되며, 활성화되기 위해서 비타민 K가 필요하다.

6. ②

비타민 D는 비타민 D의 활성을 가진 화합물들의 총칭으로, 식물성 급원의 에르고스테롤과 동물성 급원의 콜레칼시페롤이 대표적이다. 다른 비타민과 달리 비타민 D는 체내에서 합성될 수 있다.

Chapter

06

제 6 장

수용성 비타민

학습목표

이 장을 학습함으로써

1. 비타민 C의 생리기능과 흡수 및 대사, 결핍증, 과잉증, 영양섭취기준과 급원식품을 알 수 있다.
2. 티아민, 리보플라빈, 니아신의 생리기능, 흡수 및 대사, 결핍증, 영양섭취기준과 급원식품에 대해 알 수 있다.
3. 비티민 B_6의 생리기능과 흡수 및 대사, 결핍증, 영양섭취기준, 급원식품 등에 대해 알 수 있다.
4. 엽산과 비타민 B_{12}의 생리기능과 흡수 및 대사 결핍증, 영양섭취기준, 급원식품에 대해 알 수 있다.
5. 판토텐산, 비오틴, 콜린의 생리기능에 대해 알 수 있다.

1. 수용성 비타민의 특징

탄소, 수소, 산소, 질소, 황, 코발트 등으로 구성되어 있으며 물에 녹고 당질, 이미노산과 함께 문맥으로 흡수되며 여분의 양은 배설된다. 결핍증이 빨리 나타나며 필요량은 매일 식품으로 섭취해야 한다. 전구체가 존재하지 않으나 니아신은 예외이다.

2. 비타민 C

비타민 C는 대부분의 포유동물의 체내에서 포도당으로부터 합성된다. 그러나 사람, 원숭이, 조류 등은 굴로노락톤 산화효소가 없어 비타민 C를 합성하지 못하므로 식품을 통해 공급받아야 한다. 환원형인 아스코르브산과 산화형인 디히드로아스코르브산이 비타민 C 활성을 지닌다. 비타민 C는 산성에서는 안정하나 수용액에서는 열, 알칼리에 의해 파괴된다. 또한 구리, 철 같은 금속이온에 의하여 산화가 촉진되고, 아스코르비나아제[ascorbinase(ascorbic acid oxidase)], 폴

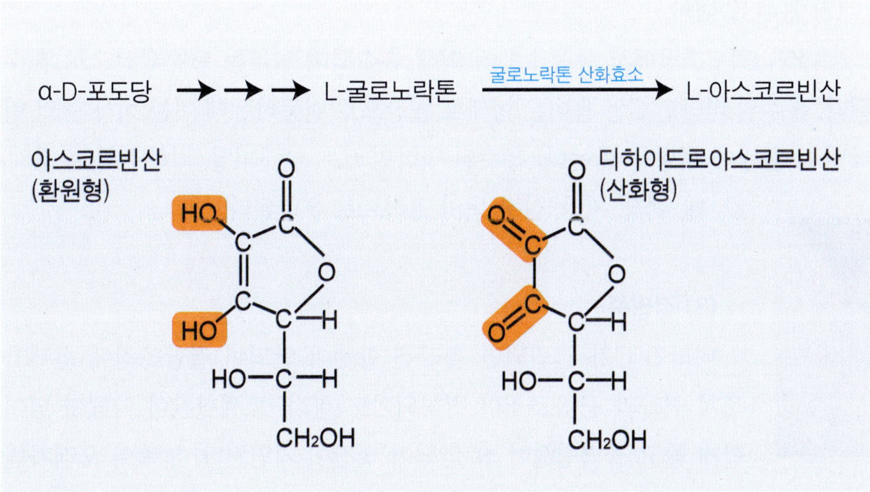

그림 6-1 비타민 C의 구조

리페놀 옥시다아제(polyphenol oxidase), 퍼옥시다아제(peroxidase)등에 의해서도 산화가 촉진된다.

(1) 생리기능

비타민 C는 생체 내에서 여러 가지 효소반응의 조효소로 쓰이며, 콜라겐 형성과 카르니틴, 신경전달물질의 합성, 철의 흡수, 면역기능, 상처회복 등의 기능에 관여한다. 비타민 C는 강한 환원력으로 수용성 환경 내에서 생성되는 대부분의 자유기를 제거한다. Fe^{+++}을 흡수하기 쉬운 Fe^{++}형으로 바꾸는데 관여하며 장내에서 칼슘이 불용성염을 형성하는 것을 방지하여 칼슘의 흡수를 돕는다. 단백질 대사 특히 페닐알라닌, 티로신, 트립토판의 대사에서 티로신의 산화계에 작용하여 피부의 갈변물질인 멜라닌 색소의 합성을 억제한다. 백혈구(호중구, 림프구, 단핵구)에서 비타민 C는 항산화작용을 강력히 나타내며 혈장이나 적혈구의 비타민 C보다 농도가 높다. 비타민 C 농도가 증가할수록 산화스트레스 손상에 대한 보호효과도 증가한다. 또한 뇌중추신경계에서 도파민으로부터 노르에피네프린의 생성, 트립토판으로부터 세로토닌이 생성될 때 진행되는 수산화반응에도 비타민 C가 필요하다.

(2) 흡수 및 대사

비타민 C는 소장에서 능동수송에 의해 흡수되며 일부는 단순확산으로 흡수된다. 흡수된 비타민 C는 음이온 형태로 혈장으로 이동하는데 이는 식사 중의 비타민 C 함량에 영향을 받는다. 흡수된 비타민 C는 부신피질, 뇌하수체, 수정체, 간, 폐, 췌장, 지라, 신장 등의 조직으로 운반된다.

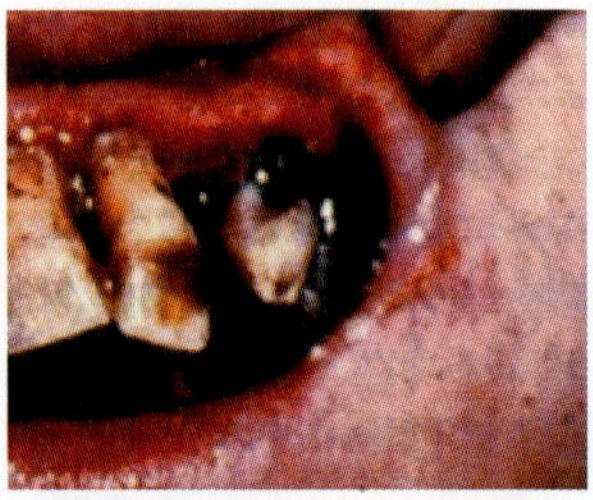

그림 6-2
비타민 C 결핍증

(3) 결핍증

비타민 C가 결핍되면 콜라겐 합성이 안되어 결합조직에 문제가 생겨 연골과 근육조직이 변형되기도 한다. 모세혈관이 약해져 멍이 쉽게 들고 골격형성이 잘 안되어 성장이 지연된다. 부족이 오래가면 괴혈병이 나타난다.

(4) 과잉증

비타민 C의 과잉섭취는 메스꺼움, 설사, 경련, 신장의 결석을 유발할 수 있다.

(5) 영양섭취기준

비타민 C의 한국인영양섭취기준에서 정하는 권장섭취량은 100mg / 일이다.

(6) 급원식품

감귤류, 고추, 녹황색 채소, 과실에 많고, 곡류나 두류에는 적지만 발아하면 많아진다. 호박, 당근, 오이 등에는 환원형 비타민 C 를 산화형으로 하는 아스코르비나아제(ascorbinase)가 있어서 비타민 C를 파괴시키므로 같이 조리하지 않는다.

3. 비타민 B_1

(1) 생리기능

비타민 B_1은 유리형 또는 인산 형태로 식물이나 동물조직에 존재한다. 티아민은 조효소의 구성성분인 티아민 피로인산(thiamin pyrophosphate TPP)으로 탄수화물 대사에서 알파 케토산으로부터 카르복실기를 이산화탄소 형태로 제거하는 탈탄산반응에 관여한다. 탄수화물, 단백질, 지질의 대사에 중요한 역할을 한다. 또한 티아민 피로인산은 신경전달물질인 아세틸콜린의 합성을 도와주고 에너지를 공급하기 위해 필요하다.

(2) 흡수 및 대사

섭취된 티아민은 공장에서 흡수되는데 낮은 농도에서는 능동적 수송에 의해 흡수되나 높은 농도에서는 일부 수동적 확산에 의해 흡수된다. 흡수된 티아민은

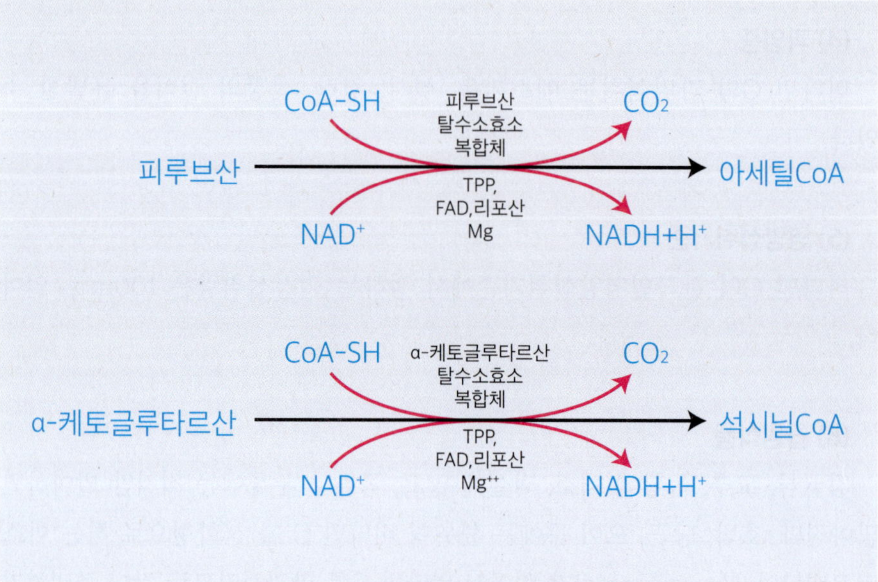

그림 6-3 **에너지 대사과정에 필요한 TPP**

혈장과 적혈구를 통해 각 조직으로 운반된다. 티아민 및 티아민 대사물은 주로 소변을 통해 빠르게 배설된다.

(3) 결핍증

비타민 B_1 이 부족하게 되면 당질의 대사가 진행되지 않아서 혈액, 뇌 그 밖의 조직에 피루브산, 젖산 등이 축적되어 여러 가지 장해를 일으킨다. 특히 잘 도정된 쌀을 주식으로 하는 한국, 일본, 중국 등이 동남아시아 지역 주민에서 많이 발생한다.

대표적인 결핍증으로 각기병이 있다. 각기병에는 세포 수분축적으로 체조직, 특히 하반신에 부종이 생기는 습성각기병(wet beriberi)이 있다. 또 건성각기병(dry beriberi)은 근육의 쇠약으로 근육이 위축되며, 하지의 신경반응이 둔해지고, 심하면 발목에 마비와 뒤틀림의 증상이 생기며 보행이 곤란해진다. 각기병 증세가 심해짐에 따라 심장이 비대하여지고, 심장고동의 불규칙, 호흡곤란 등 증세가 약화되어 치료하지 않으면 사망하게 된다. 비타민 B_1 은 알코올대사에도 관여하므로 음주의 양이 많은데 비해 다른 음식의 섭취가 부족할 때는 결핍현상이 일어난다. 이를 알코올성 건망증후군(Wernicke-Korsakoff syndreme)라 한다. 알코올은 티아민의 흡수를 감소시킬 뿐 아니라 알코올에 의한 간손상으로 티아민이 티아민 피로인산으로 전환되는 것을 감소시키며 눈근육마비, 근육협조 작용 부족, 단기기억상실 등이 나타난다

(4) 영양섭취기준

한국인 영양소섭취기준에서 정한 비타민 B_1의 1일 권장섭취량은 남자 1.2 mg, 여자 1.1mg 이다.

(5) 급원식품

비타민 B_1은 돼지고기, 배아, 효모, 견과류 등에 많이 함유되어 있다.

알|고|가|기

**** 지방의 비타민 B_1 절약작용 ****

비타민 B_1이 결핍된 사료로 쥐를 사육할 때, 지방의 투여량이 증가하여도 비타민 B_1 결핍증상이 잘 나타나지 않는 것은 지방산의 β-산화에 비타민 B_1이 관여하지 않기 때문이고, 이것을 지방의 비타민 B_1 절약작용이라 한다.

**** Allythiamin ****

비타민 B_1은 마늘에 존재하는 알리신(allicin)과 반응하여 allythiamin(thiamin allyl disulfide)을 생성하는데 이것은 물에 녹기 어려워 쉽게 유출되지 않아 비타민 B_1보다 장관에서 흡수가 좋으며, 체내에서 다시 비타민 B_1으로 재이용된다.

4. 비타민 B_2(Riboflavin)

성장촉진인자로 오탄당인 리보오스에 여러 개의 고리를 가지고 있는 구조가 결합되어 있다.

(1) 생리기능

리보플라빈은 두 가지 조효소 형태인 플라빈 모노뉴클로오티드[flavin mononuuleotide(FMN)]와 플라빈 아데닌 다이뉴클로오티드[flavin adenine dinucleotide(FAD)]로 수소이온을 받아 다른 물질에 전달하는 수소운반체로 체내에서 일어나는 여러 가지 산화, 환원반응의 촉매역할을 한다. FAD는 피루브산이 아세틸 CoA로 산화될 때, 지방산의 베타산화, 아미노산의 탈아미노 반응 등에 조효소로 작용하며 TCA회로 에서 숙신산이 푸마르산으로 전환될 때 관여한다.

(2) 흡수와 대사

식품 속의 리보플라빈은 FMN, FAD 형태로 단백질과 결합하여 존재한다. 위에서 위산에 의해 단백질과의 결합이 끊어지고 FAD, FMN은 소장의 윗부분에서 피로인산분해효소(pyrophosphatase)와 인산분해효소(phosphatase)에 의해 리보플라빈으로 전환된 후 흡수가 이루어진다. 흡수기전은 낮은 농도에서는 능동수송, 높은 농도에서는 확산작용에 의해 흡수된다. 혈액 내 리보플라빈의 일부는 혈장알부민과 결합되어 운반되나 대부분은 면역글로블린과 결합되어 운반된다. 리보플라빈은 소량이 담즙과 땀을 통해 배설되고 대부분은 리보플라빈 형태로 소변을 통해 배설된다.

(3) 결핍증

장기간 리보플라빈이 부족하게 되면 구각염, 지루성 피부염, 구내염, 인두염 등의 증상이 나타난다. 설염(glossitis)은 혀가 반들거리고 붉어지며, 쓰리고 아픈 증상이다. 적혈구 형성에 지장이 초래되어 빈혈이 생기며, 눈의 각막에 모세혈관

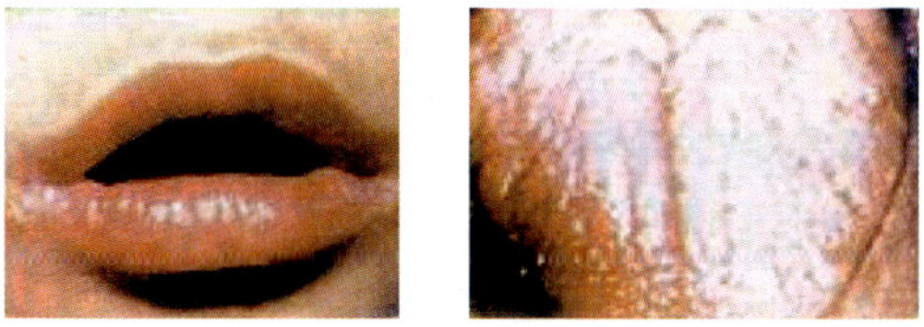

구순구각염 설염

그림 6-4 비타민 B_2 결핍증

의 팽창으로 충혈이 되어 눈이 아프고 흐려지며, 광선이 쬐면 눈이 부시게 된다. 이 현상을 수명(photophobia)이라 하며, 이때 각막이 혈관화 (vascularization) 되고 심하면 각막염(keratitis) 또는 백내장으로 될 가능성이 있다.

(4) 영양섭취기준

한국 성인의 리보플라빈 권장섭취량은 남자 1.5mg / 일, 여자 1.2mg / 일이다.

(5) 급원식품

우유, 요구르트, 치즈, 육류, 달걀 등에 풍부하게 함유되어 있다. 리보플라빈은 자외선에 의해 파괴되기 쉬우므로 리보플라빈이 풍부한 식품인 우유, 유제품 등은 햇빛을 차단해서 보관한다.

5. 니아신(Niacin, 비타민 B_3)

니아신은 니코틴산(nicotinic acid), 니코틴아마이드(nicotinamide)로도 알려져 있으며 무색의 결정체로서 물이나 알코올에 잘 녹는다. 항펠라그라 비타민으로도 불린다. 열 (60℃), 광선, 알칼리, 공기 중에서 안정하다.

(1) 생리기능

니아신은 세포 내에서 에너지 대사 과정에 관련된 NAD(nicotinamidea denine dinucleotide)와 NADP(nicotinamide adenine dinucleotide phosphate)두 조효소의 구성 성분이다. NAD는 피루브산이 아세틸 CoA로 전환되는 해당과정에 중요한 역할을 한다. TCA회로와 전자전달계, 지방산의 β-산화, 아미노산의 분해와 합성, 알코올의 산화반응 등에 관여한다. NADP는 오탄당인산경로에서 리보오스와 함께 생성되어 지방산의 합성, 스테로이드 합성 등에 관여한다. 니아신은 식품에서도 발견되지만 필수아미노산인 트립토판이 다량 존재시 체내에서 니아신으로 전환된다. 1mg의 니아신은 60mg의 트립토판으로부터 생성된다.

(2) 흡수와 대사

나이아신은 위에서 흡수되기도 하지만 대부분 소장 상부에서 흡수된다. 소량의 나이아신을 섭취하였을 때는 Na^+ 펌프나 운반체의 도움을 받아 흡수되고 다량의 나이아신을 섭취하면 단순확산에 의해 일부 흡수된다. NAD는 소장의 점막세포에서 가수분해되어 니아신아미드 형태로 들어가 순환한다.

(3) 영양섭취기준

성인의 니아신 권장섭취량은 남자 16mgNE/일, 여자 14mgNE/일이다.

(4) 결핍증

니아신이 결핍되면 식욕감퇴, 피부질환, 정신혼란, 체력 감소와 근육 허약 등의 증상이 나타난다. 특히 니아신이 부족한 곡류 위주의 식사를 하는 사람에게 펠라그라 (pellagra) 라는 증상이 발생하는데 피부병, 설사와 정신질환의 증상을 나타내며 사망하게 된다. 또한 니아신이 결핍되면 당질로부터 생성되는 에너지가 감소하기 때문에 운동수행능력이 악화될 수 있다.

(5) 급원식품

니아신은 단백질 함량이 높은 식품에 많이 함유되어 있다. 지방이 적은 육류, 내장부위, 어류, 가금류, 전곡류 및 씨리얼류, 콩과류와 강화식품에 많이 있다.

6. 비타민 B_6

비타민 B_6는 피리독신(pyridoxine), 피리독살(pyridoxal), 피리독사민(pyridoxamine)으로 이루어져 있다.

(1) 생리기능

비타민 B_6는 조효소로 피리독살의 인산 에스터인 피리독살 인산[pyridoxal phosphate(PLP)]로 존재하며, 이것은 아미노기 전이효소나 아미노산 탈탄산효소의 보효소로서 아미노산대사에 관여한다.

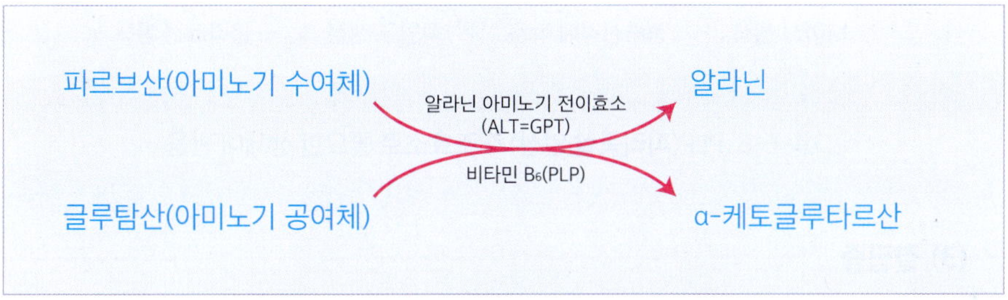

ALT(alanine aminotransferase), GPT(glutamate pyruvate transfaminase)

그림 6-5 **아미노기 전이반응에 필요한 비타민 B_6**

비필수 아미노산의 합성, 트립토판의 니아신으로 전환, 트립토판에서 세로토닌을, 티로신으로부터 도파민과 노르에피네프린을 히스티딘으로부터 히스타민을 형성하는데 관여한다. 또한 헤모글로빈의 포르피린 고리구조 형성에 관여해 결핍되면 적혈구 크기가 작아지고 산소운반에 필요한 헤모글로빈도 부족해지는 소적혈구성 빈혈이 나타난다. 간에서의 당신생합성과 근육 글리코겐의 분해에도 관여한다.

(2) 흡수와 대사

공장에서 단순확산으로 흡수되며 간에서 피리독살 인산(PLP pyridoxal phosphate)으로 전환된다. 비타민 B_6는 주로 근육에 저장된다.

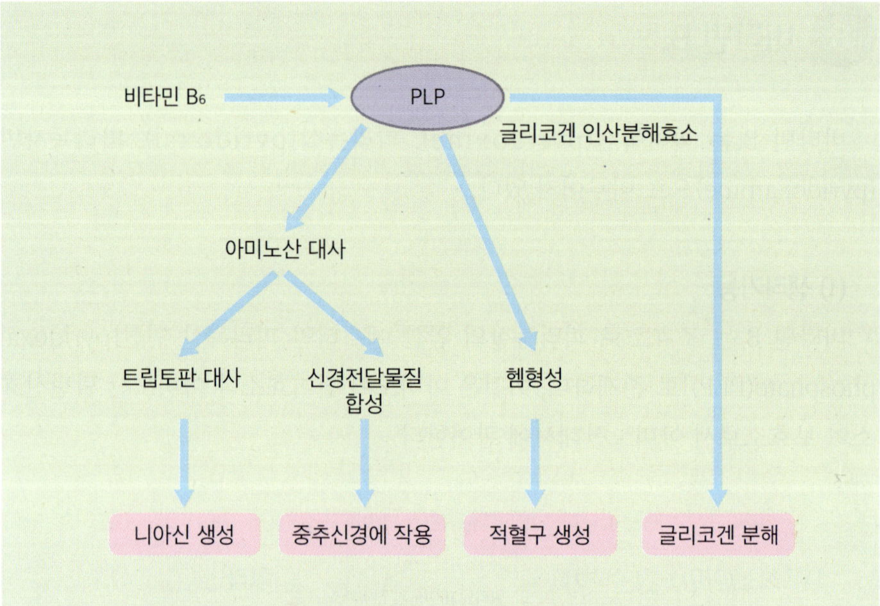

그림 6-6 PLP(피리독살 인산)가 조효소로 필요한 생체내 반응

(3) 결핍증

정상적으로 식사를 하면 생기지 않는다. 그러나 지속적으로 비타민 B_6가 결핍되면 구토감, 면역기능의 감소, 피부 질환, 입안 통증, 허약, 우울증, 빈혈과 경련 등이 나타난다. 결핵치료제를 장기간 복용하는 사람 등에서도 나타날 수 있다.

(4) 영양섭취기준

비타민 B_6의 영양섭취기준은 성인남자 1.5mg/일, 성인여자 1.4mg/일이다. 비타민 B_6 필요량은 단백질 섭취량에 근거를 두기 때문에 단백질 섭취량이 증가할수록 필요량도 증가한다.

(5) 급원식품

비타민 B_6는 육류, 가금류, 어류, 배아, 전곡류, 현미와 계란 등 단백질 식품과 대부분의 식품에 분포되어 있다.

7. 엽산 (Folic acid, antianemic factor)

엽산은 글루타민산(glutamic acid), 파라아미노벤조산(p-aminobezoic acid) 및 프테리딘(p-aminobezoic acid)으로 이루어지며, 프테로글루타민산의 구조를 갖는다. 황색결정체이며 물에 약간 녹고 산성용액에서 열을 가할 때 쉽게 파괴되며, 태양광선에 노출되거나 오랜 기간 저장시 손상된다.

(1) 생리기능

엽산은 수용성 비타민 B 복합체의 일부로 비타민 B_{12}, C와 함께 조효소로 단백질을 분해해 이용하게 하는 역할을 한다. 적혈구의 헤모글로빈 형성, 신경 조직의 구성성분, 에너지 생산에 필요하고, 단백질대사에 관여한다. 또한 세포의 정상적인 형성, 분열, 복제 과정과 정상적인 뇌기능 수행에 필요하며 주로 척수와 세포외액에 농축돼 있다.

조효소로서의 기능은

① 핵산의 구성성분인 퓨린 (Purine)과 피리미딘 (Pyrimidine)의 합성

엽산은 비타민 B_{12} 와 함께 빠르게 성장하는 세포에 필요한 DNA 염기인 퓨린과 피리미딘 합성에 필요한데 이 두가지 중 어느 한 가지라도 부족하면 DNA가 정상적으로 합성되지 못해 세포분열이 제대로 일어나지 못하게 된다.

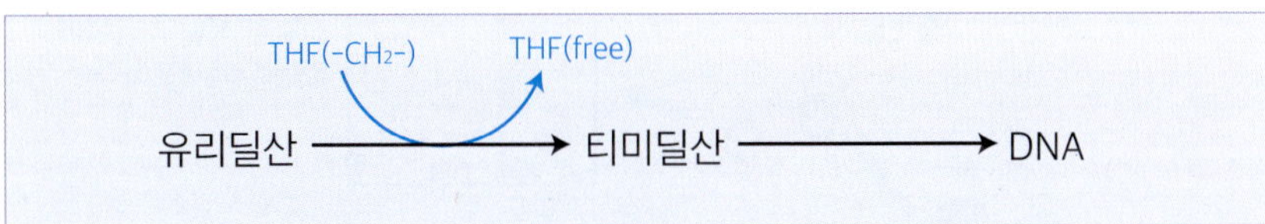

② 호모시스테인(homocysteine)으로부터 메티오닌 (methioine) 합성

엽산의 조효소 형태인 메틸-THF(Tetrahydrofolate)는 메틸기를 호모시스테인에 전해주어 메티오닌을 형성하는데 이 과정에는 비타민 B_{12}도 필요하다.

(2) 흡수와 대사

식품중의 엽산은 폴리글루타메이트(polyglutamate)로 존재하며 소장에서

모노글루타메이트(monoglutamate)의 형태로 흡수되어 소장세포에서 엽산 환원효소에 의해 THF로 환원되거나 5-methyl-THF 로 전환된 후 혈액으로 방출된다. 혈청의 엽산은 주로 5-methyl-THF 형태이며 엽산의 흡수율은 70-80%로서 엽산 저장량의 약 절반 정도가 간에 저장된다. 엽산은 담즙과 소변으로 배설된다. 알코올은 엽산 흡수를 방해하며 엽산 배설량을 증가시키고 장관 순환도 방해한다.

(3) 결핍증

엽산이 결핍되면 혈청 엽산농도가 감소되며 혈장 호모시스테인 농도는 증가한다. 혈장 호모시스테인의 증가는 동맥손상으로 인한 심혈관계 질환의 위험요인이 되므로 부족되지 않도록 주의해야 한다. 세포분열 속도가 빠른 적혈구 생성과정에 영향을 주어 거대적아구성 빈혈이 나타나 허약, 피로감, 불안정 등의 증상이 나타난다.

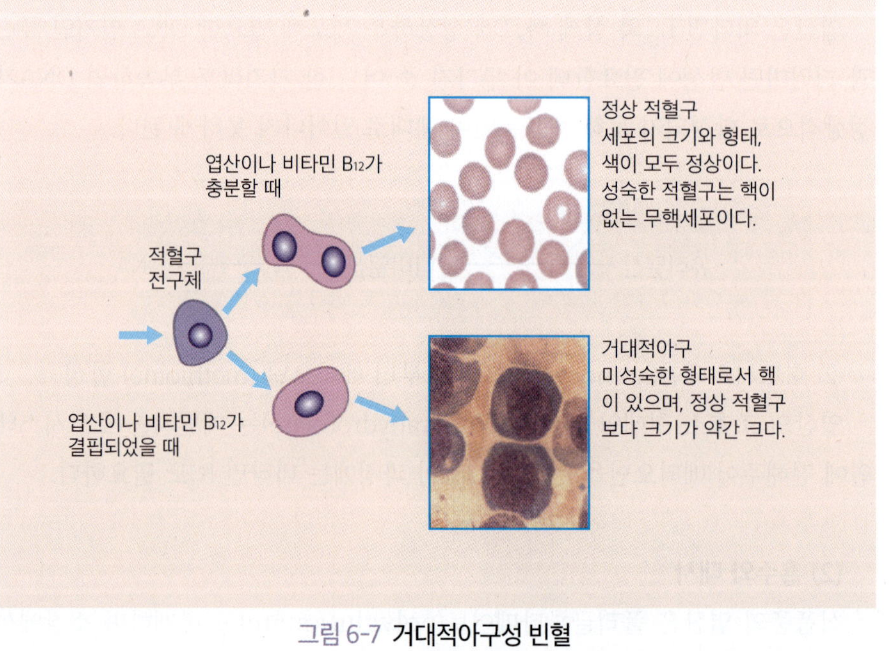

그림 6-7 거대적아구성 빈혈

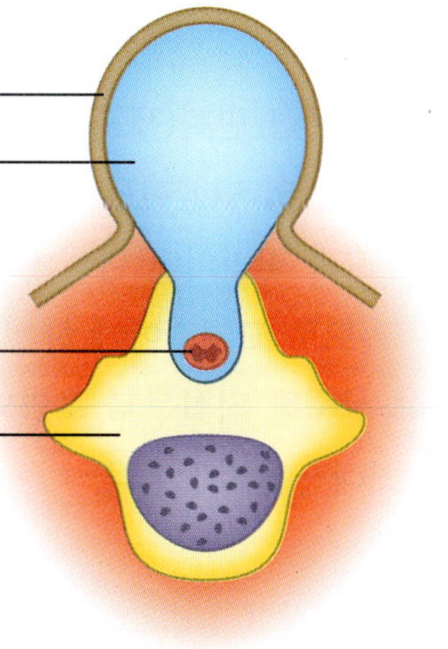

그림 6-8 신경관 손상으로 인한 이분척추

① 엽산과 임신

임신기는 태아의 세포분열 속도가 증가하여 DNA 합성을 위한 엽산의 요구량이 크게 증가되는 시기이다. 임신기간 중 엽산이 부족하면 태아의 신경관손상(neural tube defects, NTD)의 위험성을 높힌다. 태아가 신경관이 손상되면 척추가 완전히 발달하지 못하고 척수(spinal cord)주변이 유착되어 태어난 후에도 영구적으로 척수에 손상을 받아 잘 걷을 수 없고, 방광과 대장기능이 비정상적으로 평생 여러 가지 문제들로 고생을 하게 된다. 또한 임신부의 엽산 부족은 언청이, 두뇌 손상 기형아를 출산하거나 출생 후에도 발육 부진, 학습능력이 부족할 수 있다.

그러므로 임신부는 임신기간 중 엽산을 충분히 섭취해야 하며 우리나라에서는 600㎍의 엽산을 섭취할 것을 권장하고 있다.

② 엽산과 심혈관계질환

엽산은 혈액 내 호모시스테인의 농도를 낮추어 관상심장질환 및 기타 심혈관질환의 위험을 감소시키는 것으로 알려져 있다.

③ 엽산과 거대적아구성 빈혈

엽산이 결핍되면 거대적아구성 빈혈(세포크기만 크고 미성숙, 혈중 총 Hb .WBC 감소)이 발생하고 위장관의 퇴행현상 등이 일어난다. 이는 엽산이 DNA와 RNA 합성에 필요한 퓨린과 피리미딘 형성에 필수적인 조효소로 작용하므로 엽산이 부족되면 빠른 속도로 교체되어야 하는 적혈구 등의 세포들이 DNA를 합성할 수 없기 때문에 성숙한 적혈구로 분열되지 못하여 크기가 비정상적으로 크고 파괴되기 쉬운 거대적혈구가 된다.

(4) 영양섭취기준

정상인의 성인 남녀의 경우 400㎍ DFE/일의 섭취를 권장한다.(식이엽산당량 Dietary folate equivalents DFE)

(5) 급원식품

짙은 녹색 채소, 육류, 내장, 효모, 굴, 정제되지 않은 곡류, 우유 등이 있다. 특히 오렌지 쥬스 200ml에는 100mg의 엽산을 함유하고 있으므로, 오렌지 쥬스를 마시면 비타민C 뿐만 아니라 상당량의 엽산도 섭취된다. 또한 비타민C는 엽산이 산화로 인해 파괴되는 것을 보호한다.

8. 판토텐산(Pantothenic acid)

판토텐산은 판토익산(pantoic acid)과 β-알라닌(β-alanine)이 펩타이드 결합한 구조이다.

(1) 생리기능

판토텐산은 Coenzyme A(CoA)와 지방산 합성효소의 일부인 아실기운반단백질(acyl carrier protein, ACP)의 구성성분으로 지방산과 탄수화물 대사에서 아실기의 활성화와 운반을 돕는다. CoA는 지방산의 산화, 아세틸 CoA와 아세

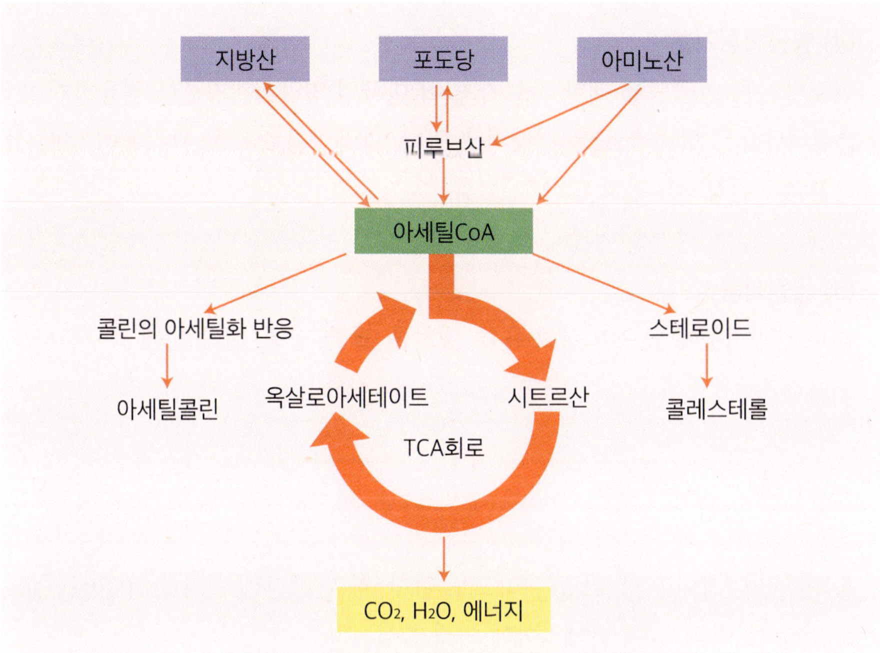

그림 6-9 체내대사과정에 관여하는 아세틸 CoA

틸콜린의 합성, 콜레스테롤과 헴합성, 아미노산 분해 등 많은 대사반응에 관여한다.

(2) 흡수와 대사

식품 중의 판토텐산은 대부분 CoA와 포스포판테테인(phosphopantetheine)의 형태로 들어있는데 소장에서 판테테인(pantetheine)으로 가수분해 된 후 판테테인분해효소(pantetheinase)에 의해 유리형 판토텐산이 된다. 판토텐산은 고농도일 때 수동적 확산에 의해 공장에서 흡수되고 저농도일 때는 나트륨 의존성 복합비타민 능동수송체(sodium dependent active multivitamin carrier)에 의해 흡수된다.

(3) 결핍증

판토텐산은 장내 세균에 의해 합성되므로 결핍증은 거의 없다.

(4) 영양섭취기준

판토텐산은 한국인에 대한 자료가 없어 미국의 영양섭취기준을 적용하여 1일 충분섭취량으로 남녀 5mg을 권장하고 있다. 과량섭취로 인한 부작용이 없어 상한섭취량이 설정되어 있지 않다.

(5) 급원식품

대부분의 식품에 있으며 특히 육류, 생선류, 달걀, 땅콩, 전곡 등에 풍부하다.

9. 비오틴(Biotin)

항피부염 인자이며 vitamin H라고도 한다. 항 난백장해 인자(anti-egg white injury factor)이다. 장내 박테리아에 의해 합성된다.

(1) 생리기능

비오틴은 카르복실기 운반체로 체내에서 탈탄산반응, 카르복실기 전이반응, 카르복실화 반응의 조효소로 포도당, 아미노산, 지방산 대사에 관여한다. 비오틴은 피루브산에서 옥살로아세트산을 생성하는데 관여한다. 옥살로 아세트산은 체내에 포도당이 부족해지면 포도당신생을 통해 포도당을 생성한다.

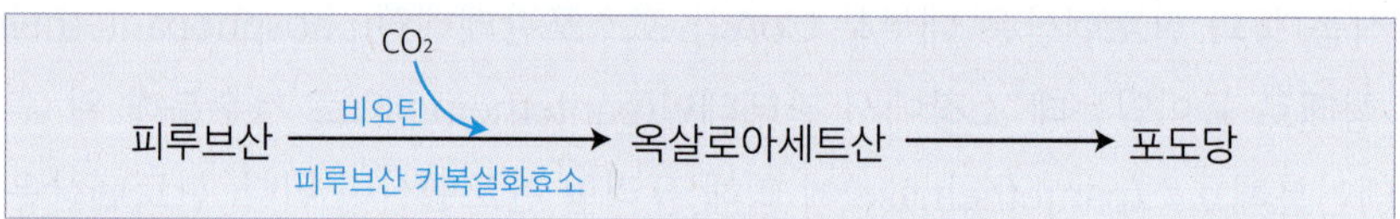

비오틴은 또한 아세틸 CoA로부터 지방산 합성의 준비단계인 말로닐 CoA의 생성에 관여한다.

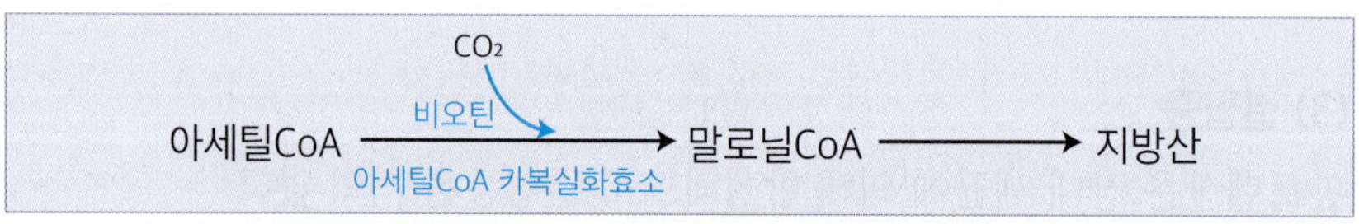

표 6-1 비오틴을 조효소로 하는 카르복실화 효소와 반응

효소	반응
피루브산 카복실화효소 (pyruvate carboxylase)	• 포도당신생반응에서 피루브산을 포도당으로 전환하는 경로의 첫 반응 • TCA 회로를 위한 옥살로아세트산(oxaloacetate) 공급반응
아세틸CoA 카복실화효소 (acetyl-CoA carboxylase)	• 지방산 합성과정 첫 반응에서 malonyl-CoA로 전환하는 반응
프로피오닐CoA 카복실화효소 (propionyl-CoA carboxylase)	• propionate를 methylmalonyl-CoA로 전환하는 반응 (아미노산을 TCA 회로 중간산물로 전환 (예 : valine → succinyl CoA)
메틸크로토닐CoA 카복실화효소 (β-methycrotonyl-CoA carboxylase)	• leucine과 isoprenoid 화합물의 분해반응

표 6-2 비오틴 함유식품(단위 : ㎍/100g)

급원식품	비오틴 함유량
간, 이스트	100
난황	16
두류	60-70
곡식류	3-30
대부분 육류, 과일류	1

(2) 흡수 및 대사

단백질과 결합된 비오틴은 장내 단백질 분해 효소에 의해 리신과 분리되어 유리 비오틴이 된다. 유리된 비오틴은 섭취량이 적으면 촉진확산에 의해 섭취량이 많으면 단순확산에 의해 흡수된다. 흡수된 비오틴은 카르복실화 효소가 많은 조직에 분포하며 장내 미생물에 의해 많은 양이 합성된다.

(3) 결핍증

비오틴이 결핍되면 우울증, 근육통, 식욕부진, 탈모, 피부염, 부분적 감각이상, 환각, 구토 등의 증상이 나타난다. 생후 1주~ 1년 사이 영, 유아에게 비오틴 분해효소(biotinidase) 결핍되면 피부발진(skin rash), 탈모증(hair loss), 신경손상, 성장 부진 등의 증상이 나타난다.

생 난백을 과량으로 섭취하는 경우 생난백에 포함되어 있는 아비딘이 비오틴과 결합하여 결핍증을 유발할 수 있다. 항경련제(primidone, carbamazepine)는 장의 미소융모막의 비오틴 흡수를 저해한다. 리포산(lipoic acid)는 비오틴과 구조적으로 유사하여 경쟁적으로 흡수한다. 항생제를 장기간 복용 시 장내 박테이라에 의한 비오틴 합성 저하로 결핍증이 유발되기도 한다.

(4) 영양섭취기준

비오틴은 일부 장내세균에 의해 합성되며 사람의 경우 결핍증이 드물어 1일 충분섭취량으로 30 ㎍을 정하고 있다. 독성은 거의 없는 것으로 알려져 있다.

(5) 급원식품

대부분 식품에 함유되어 있으며 간, 대두, 난황, 전곡, 두류, 견과류, 효모, 우유, 생선, 토마토, 해조류 등에 많이 들어 있다.

10. 비타민 B_{12}(Cobalamin)

비타민 B_{12}는 항악성 빈혈인자이며 코발트 분자가 중심에 위치해 코발라민이라 하며 장내세균에 의해 합성되며 동물성 식품에만 있다.

(1) 생리기능

비타민 B_{12}는 호모시스테인으로부터 메티오닌을 합성하는 반응에 조효소로 작용하며 엽산대사과정과 연관되어 있다. 엽산이 메틸기와 결합한 5-methyl-

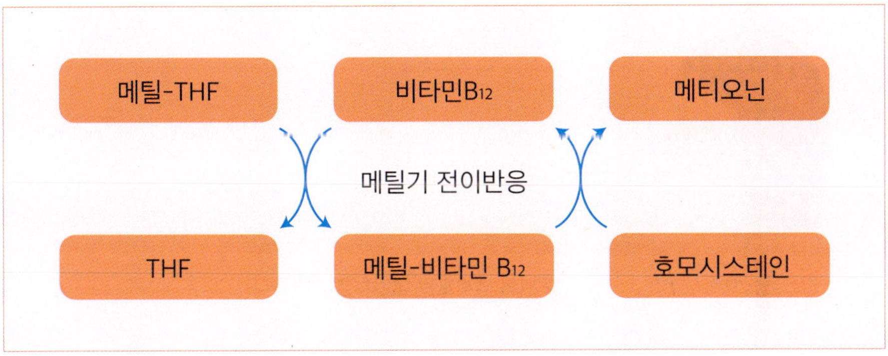

그림 6-10 비타민 B_{12}의 작용

THF로부터 메틸기를 비타민 B_{12}에 옮겨주어 메틸코발라민이 된다. 이 때 메틸기는 다시 호모시스테인으로 옮겨져 메티오닌이 합성된다. 또한 비타민 B_{12}는 정상 적혈구의 형성에 필수적이다. 비타민 B_{12}가 부족하면 메틸-THF가 THF로 전환되지 못해 엽산 조효소 THF가 작용하지 못해 DNA 합성이 제대로 이루어지지 않는다. 즉 비타민 B_{12}결핍은 엽산 결핍을 초래하여 거대적아구성빈혈이 나타나게 된다. 또한 비타민 B_{12}는 신경섬유의 절연체 역할을 하는 수초를 유지시켜 준다.

(2) 흡수와 대사

식품 중의 비타민 B_{12}는 단백질과 결합되어 있으며 섭취된 후 위에서 위산과 펩신에 의해 단백질로부터 분리된다. 유리된 비타민 B_{12}는 타액선에서 분비된 R-단백질과 결합하여 장내 박테리아에 의한 분해로부터 보호된다. 비타민 B_{12}가 장관으로부터 혈류로 흡수되기 위해서는 내인자(intrinsic factor: IF)가 필요하다. 내인자는 위벽 세포에서 분비되는 당단백질로 비타민 B_{12}의 흡수를 돕는다. 소장 상부에서 비타민 B_{12}와 결합된 R-단백질은 췌장의 트립신에 의해 떨어져 나가고 내인자가 비타민 B_{12}에 부착한다. 비타민 B_{12}-IF 결합체는 소장의 하부 회장에서 흡수된다. 흡수시 IF는 회장 점막세포 표면의 수용체 단백질에 비타민이 결합하는 것을 도우며 칼슘이온에 의해 촉매된다. 혈류로 흡수된 비타민 B_{12}는 트란스코발라민(transcobalamin Ⅱ)과 결합하여 간과 다른 조직으로 운반된다.

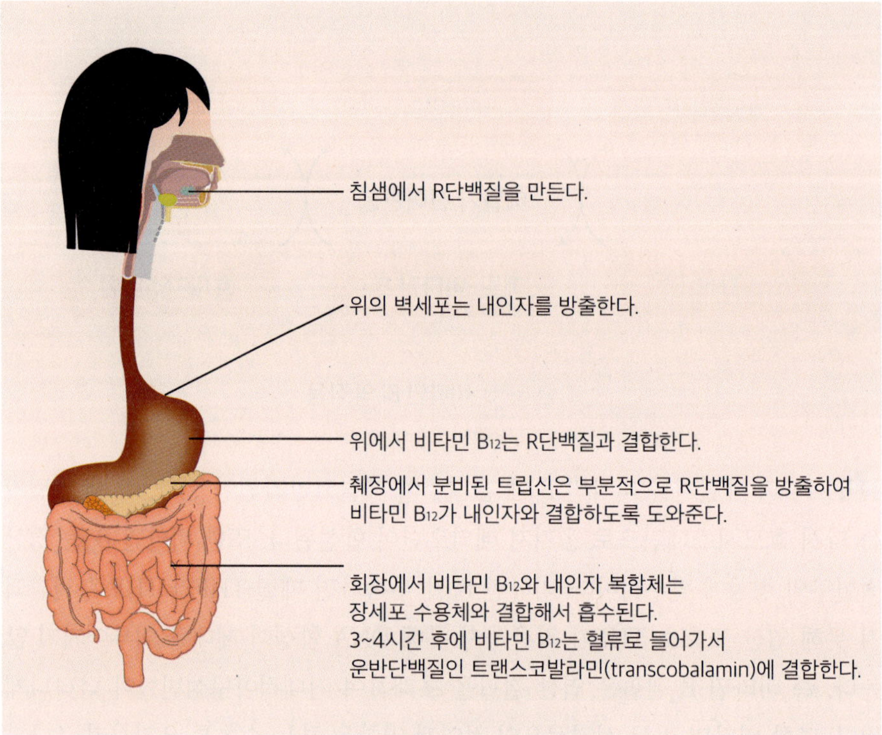

그림 6-11 **비타민 B_{12}의 흡수기전**

(3) 결핍증

동물성 식품을 다양하게 섭취하면 식사로 인한 비타민 B_{12} 결핍증은 드물지만 유제품도 전혀 섭취하지 않는 엄격한 채식주의자, 회장 질환이 있거나 회장을 절제한 경우에는 비타민 B_{12} 결핍증이 나타난다.

(4) 영양섭취기준

1일 영양섭취기준은 2.4 ㎍이며 상한섭취량은 설정되어 있지 않다.

(5) 급원식품

해산물(대합, 굴)과 생선(연어, 정어리). 동물의 간 (소간 등)에 많이 포함되어 있으며 육류에도 많이 들어 있다.

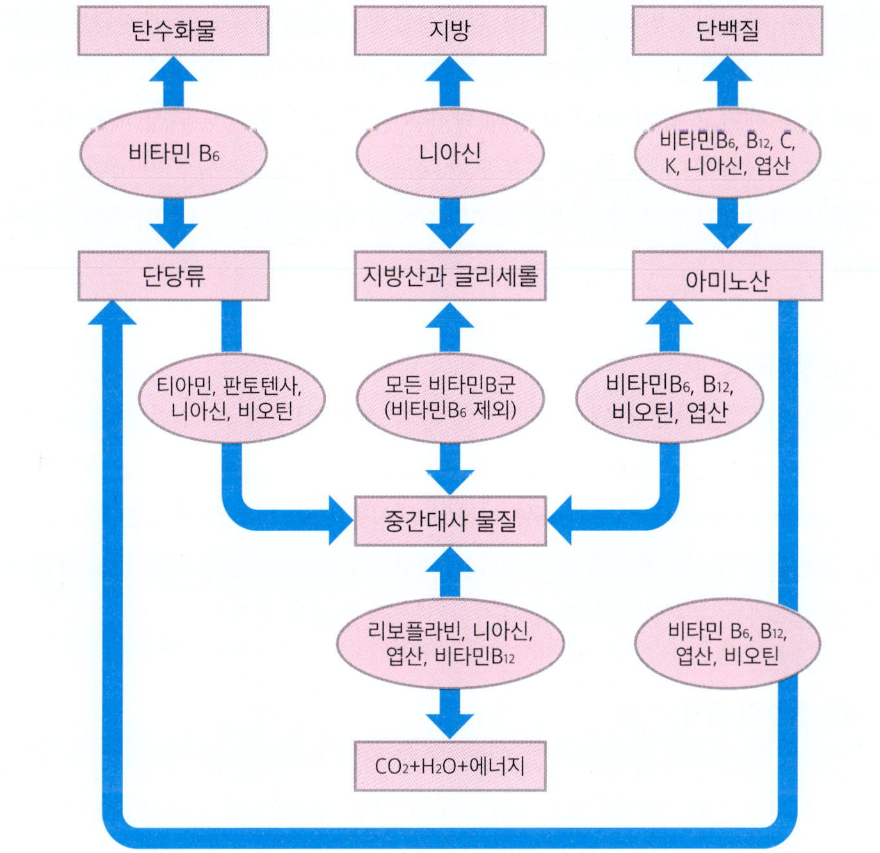

그림 6-12 영양소 대사와 비타민의 역할

11. 비타민 유사물질

비타민은 체내에서 합성되지 않아 반드시 식품으로 섭취하지만 비타민 유사물질은 대부분 체내에서 합성된다.

1) 콜린(choline)

콜린은 레시틴(lecithin)의 구성성분으로 간에 중성지방이 침착하는 것을 방지하여 항지방간인자라고 하며 신경전달물질인 아세틸콜린과 지단백, 세포막, 담즙의 구성성분인 포스파티딜콜린의 구성성분이다. 구조상으로 세 개의 메틸기를 가지고 있어 여러 가지 메틸화된 대사물의 합성을 위한 메틸기의 공급원으로 작용한다. 물에 쉽게 녹으며, 흡습성이 매우 강하다. 생체내 콜린은 간에서 세린으로부터 합성되며 합성과정에서 비타민 B_6, B_{12} 및 엽산을 필요로 한다.

(1) 생리기능

포스파티딜콜린은 간에서 중성지방 등과 초저밀도 지단백질을 형성하여 각 조직으로 운반된다. 혈관을 확장시켜 혈압을 낮추는 작용을 담당하는 아세틸콜린(Acetylcholine)과 세포막구성 성분인 레시틴(Lecithin)을 만드는 재료가 된다. 콜린은 지방간, 간경변, 동맥경화를 예방하고, 이노시톨과 함께 작용하여 혈중 콜레스테롤 수치를 정상으로 유지시키는 데 도움을 준다.

(2) 흡수와 대사

콜린은 소장에서 흡수되어 운반단백질에 의해 문맥혈관을 거쳐 간으로 이동된다. 식이를 통한 콜린의 섭취량이 부족한 경우 메티오닌으로부터 콜린이 합성된다. 과잉으로 섭취한 콜린은 간과 신장에서 베타인으로 전환된다.

(3) 결핍증과 과잉증

콜린은 인체 내에서 합성되므로 결핍증이 거의 없으나 콜린이 부족한 식사를 하는 경우 지방간 등의 증상이 나타난다. 콜린을 과잉섭취하면 구토, 위장질환 등의 증상이 나타날 수 있다.

(4) 급원식품

콜린은 식물성 식품과 동물성 식품에 널리 분포되어 있으므로 식이를 통한 섭취량이 부족한 경우는 드물다.

2) 카르니틴(carnitine)

(1) 생리기능

카르니틴은 간에서 리신과 메티오닌으로부터 합성되며 골격근이나 부고환에 많이 함유되어 있다. 지방산이 대사되어 에너지를 생성하기 위해서는 세포질에 있는 지방산을 미토콘드리아 안으로 운반해야 하는데 카르니틴은 지방산의 운반과 미토콘드리아의 대사산물인 유기산이 과량 생성되었을 때 이를 제거해 주는 역할을 한다.

(2) 필요량

사람은 동물성 식품을 통해 카르니틴을 섭취하거나 체내에서 합성을 통해 필요량을 얻고 있다.

(3) 결핍증

결핍되면 지방간 등이 일어난다. 간 질환이 있는 사람은 카르니틴 합성능력이 저하되므로 카르니틴 섭취량을 증가시켜야 한다. 근육세포나 심근세포에 지방의 비정상적인 축적을 보이는 근위축증은 카르니틴 결핍이 원인이다.

(4) 급원식품

육류와 우유, 간, 효모 등이 주된 공급원이며 식물성 식품에는 거의 함유되어 있지 않다.

3) 이노시톨(inositol)

이노시톨은 체내에서 합성되어 세포질에 주로 존재하며 일부는 세포막의 인지질 구성성분으로 존재한다. 동물에 있는 이노시톨은 유리형의 미오 이노시톨(myo-inositol)로서 또는 인산이노시톨(phosphatidylinositol)의 구성체로서 존재한다. 인산 저장물질인 피틱산 형태로 곡류에 다량 존재한다.

(1) 생리기능

항지방간 인자로 지방간과 동맥경화를 예방하고 뇌신경에 영양을 공급하여 신경 계통 기능을 정상으로 유지시킨다. 탈모와 습진 예방에도 효과가 있다.

(2) 결핍증

이노시톨이 부족하면 콜레스테롤 침착, 혈전 형성 촉진 등이 일어난다.

(3) 급원식품

감귤류와 간, 땅콩, 양배추, 수박등에 함유되어 있다

4) 타우린(taurine)

타우린은 황함유 아미노산인 시스테인과 메티오닌으로부터 합성된다.

눈의 광수용기기능, 혈구내의 항산화 작용, 혈소판 응집, 인슐린 작용, 세포분화 및 성장, 폐조직의 산화방지작용에 관여한다. 타우린은 근육, 혈소판, 신경조직에 많이 함유되어 있다.

5) 유비퀴논(Ubiquinone, CoQ(Coenzyme Q10)

유비퀴논은 세포 내 미토콘드리아에서 합성되고 생물계에 널리 분포하고 있으며 세포내 전자전달계의 산화환원반응에 관여하며 세포내 호기성 대사에 관여한다. 영양소를 에너지로 전환시키는데 필요한 효소의 보조 효소로 작용한다. 또한 강력한 항산화 작용으로 세포막을 보호한다. 면역 세포와 백혈구 작용을 활성화시키며 당뇨병 치료에도 효과가 있다. 육류의 간과 내장, 정어리와 고등어, 참치 등 등푸른 생선에 많이 함유되어 있다.

표 6-3 **수용성 비타민의 생리적 기능, 결핍증 및 과잉증**

수용성 비타민	안정성	공급원	생리적 기능	결핍증	과잉증
비타민 B_1 (thiamin)	열에 불안정 (조리시 손실 30%), 산성에 안정, 알칼리 불안정	곡류배아, 돼지고기, 콩	탄수화물대사에 관여, TPP구성 성분 신경계에 관여	각기병	
비타민 B_2 (riboflavin)	열에 안정, 광선에 불안정	우유, 육류, 유제품	에너지대사의 조효소, FMN, FAD의 구성성분	구순구각염, 설염	
비타민 B_3 (niacin)		생선, 알곡류, 두류	에너지대사의 조효소, NAD. NADP의 구성성분	펠라그라, 치매, 설사, 사망	피부발진
비타민 B_6 (pyridoxin)	열에 안정, 광선에 불안정	곡류, 종자, 생선, 신장	아미노산 대사에서 보조효소작용, 구토증, 입덧예방	비듬, 구강염, 피부염	말초신경증세
비타민 B_{12} (cobalamin)		우유, 생선, 달걀, 육류	악성빈혈예방, 철분과 엽산 기능 도움	악성빈혈, 신경과민, 창백, 구역질	
엽산 (folic acid)		푸른 채소, 내장, 땅콩, 오렌지주스	DNA합성과 적혈구 생성 도움, 심장 혈관 건강유지	거대 아구성 빈혈, 신경관 손상, 성장지연	
판토텐산 (pantothenic acid)		곡류, 콩류, 닭고기	에너지 대사의 조효소, 코엔자임 A구성성분, 아세틸콜린, 헴합성에 관여		
비타민 H (biotin)		난황, 간, 이스트, 땅콩	이산화탄소를 운반하는 카르복실화 효소의 조효소	비늘성 피부염, 신경염, 탈모, 식욕 감퇴	
비타민 C (ascorbic acid)	열, 광선에 불안정, 산성에서 안정	각종 과일과 채소	항산화제, 콜라겐 형성 도움	괴혈병, 식욕부진, 피로	설사, 신장결석, 철흡수 증가

| 요 | 약 |

비타민은 인체기능의 보조역할로 주로 작용하며 음식을 통해서 섭취되어야 한다. 수용성 비타민에는 비타민 C, 비타민 B 복합체-즉, 티아민, 리보플라빈, 니코틴산, 엽산, 피리독신(B_6), 비타민 B_{12}, 판토텐산, 비오틴이 있다. 비타민 B군은 인체에서 조효소 역할을 한다. 비타민 C는 조효소와 항산화제 기능을 한다. 수용성 비타민은 혈액으로 쉽게 흡수되며 과잉으로 인한 독성은 대부분 없지만 파리독신이나 비타민 C의 과잉독성은 나타날 수 있다.

Chapter 06

| 주 | 요 | 용 | 어 |

각기병(beriberi) 근육약화, 통증, 식욕저하, 정신장애, 빈맥 등이 나타나는 중증 만성 티아민 결핍

건성각기(dry beriberi) 신경계 영향으로 마비와 사지근육쇠약을 유발하는 티아민 결핍

내인성인자(intrinsic factor) 비타민 B_{12} 흡수에 필요한 위점막에서 분비되는 물질

베르니케코르사코프(Wernicke-Korsakoff syndrome) 중추신경계에 영향을 주는 각기병의 뇌손상 형태

설염(glossitis) 혀의 염증

습성각기(wet beriberi) 심장근육과 심혈관계 약화로 심장기능이 영향을 받는 티아민 결핍증으로 부종이 사지에 나타난다.

파이토케미컬(phytochemical) 질병에 대항하는 성분의 식물성 식품에 있는 비영양 물질

악성빈혈(pernicious anemia) 비타민 B_{12} 흡수와 관련된 위의 내인성인자 결핍으로 인한 거대적아구 형성하며 신경증상을 나타내는 질병

이분척추(spina bifida) 엽산결핍으로 임신초기 동안의 태아척추의 불완전 봉합으로 인한 선천성 신경관 손상; 뇌, 척수, 보호물의 불완전한 발달과 그에 따른 일련의 장애

조효소(coenzyme) 효소를 활성화시키는 물질

펠라그라(pellagra) 설사, 피부염, 치매 등이 나타나는 니아신 결핍장애

항산화제(antioxidant) 산화손상으로부터 다른 복합물을 보호하는 복합물

| 복 | 습 | 하 | 기 |

1. 결핍 시에 각기병을 유발시키는 영양소는?

① 리보플라빈
② 티아민
③ 코발라민
④ 니아신

2. 100여개 이상의 효소 관련 반응에서 작용하는 비타민 B_6의 조효소 형태는?

① 피리독신 (pyridoxine, PN)
② 피리독살 (pyridoxal, PL)
③ 피리독살 인산 (pyridoxal phosphate, PLP)
④ 피리독사민 (pyridoxamine, PM)

3. 결핍이 되면 거대적아구성 빈혈을 일으키는 영양소는?

① 철분
② 엽산
③ 아연
④ 콜린

4. 다음 중 비타민 C에 대한 설명으로 틀린 것은?

① 섭취량이 증가함에 따라 흡수율은 감소된다.
② 콜라겐의 합성에 관여한다.
③ 괴혈병은 비타민 C의 결핍증이다.
④ 철분의 흡수를 방해한다.

5. 결핍 시에 치매, 설사, 피부염의 증상을 갖는 펠라그라를 유발하는 영양소는?
① 니아신
② 티아민
③ 콜린
④ 판토텐산

6. 임산부에게 결핍되면 태아의 신경관 손상을 일으키는 비타민은?
① 리보플라빈
② 엽산
③ 비타민 C
④ 비타민 A

7. 구조 내에 코발트를 함유하여 코발라민(Cobalamin)이라고도 부르는 영양소는?
① 콜린
② 비오틴
③ 비타민 B_6
④ 비타민 B_{12}

8. 영양소와 각각의 조효소 형태가 바르게 짝지어진 것은?
① 리보플라빈-NAD
② 티아민-FAD
③ 비타민 B_6-PLP
④ 니아신-TPP

정답과 힌트

1. ②

쌀을 주식으로 하는 곳에서 나타난다.

2. ③

비타민 B_6는 소장 내 효소에 의해 모두 유리형으로 분해되어 소장 상부에서 쉽게 흡수된다. 일단 흡수된 비타민 B_6는 간에 와서 다시 인산과 결합하여 조효소인 피리독살 인산 (pyridoxal phosphate, PLP)이 되어 조직으로 가 아미노산 대사 등 여러 반응에서 작용한다.

3. ②

엽산이 부족한 사람의 골수에서는 혈액 내로 방출되는 성숙한 정상 적혈구 수가 감소되어 산소운반이 저하되는 빈혈이 발생하는데 이를 거대적아구성 빈혈이라 한다.

4. ④

제이철보다는 제일철이 더 잘 용해되고 따라서 더 잘 흡수된다. 비타민 C는 제일철이 제이철로 산화되는 것을 방지할 뿐 아니라 제이철로 산화된 것을 제일철로 환원시킴으로써 철분의 흡수를 돕는다.

5. ①

니아신은 NAD와 NADP 두가지 조효소의 구성 성분이다. 펠라그라의 증상은 3Ds로 표현되는 치매, 설사, 피부염과 이 병을 조기에 치료하지 않으면 죽음까지 이르러 4Ds라 한다.

6. ②

임산부의 엽산 결핍은 태아의 신경관 손상과 척추파열을 초래한다.

7. ④

비타민B_{12}는 코발트를 포함한다.

8. ③

리보플라빈은 FMN과 FAD의 구성 성분이며 티아민은 인산과 결합하여 조효소 형태인 TPP로 되어 탄수화물대사와 가지 달린 아미노산 대사의 탈탄산효소의 조효소로 작용한다. 흡수된 비타민 B_6는 간에 와서 인산과 결합하여 조효소인 PLP가 되어 조직으로 간다.

Chapter

07

제 7 장

다량 무기질 (Macro Mineral)

학습목표

이 장을 학습함으로써

1. 무기질을 정의하고 분류하며
   특성 및 기능을 알 수 있다.
2. 다량 무기질 칼슘, 인, 나트륨, 칼륨,
   염소, 마그네슘의 생리기능,
   결핍증, 과잉증 및 급원식품에 대해
   알 수 있다.

1. 무기질(mineral)의 특징

무기질은 체중이 4%를 차지하며, 인체구성 물질 중 탄소, 수소, 산소, 질소 이외의 물질로 회분이라고도 한다.

인체구성 물질

유기질(96%) : 탄소(18%), 수소(10%), 산소(65%), 질소(3%)

무기질(4%) : 탄소, 수소, 산소, 질소 을 제외한 나머지 원소

유기물질이 체내에서 완전히 산화된 후 남은 물질(회분)

다량무기질(macromineral)은 1일 필요량이 100mg 이상, 혹은 체중의 0.005% 이상 존재하는 무기질을 말하며 칼슘(Ca), 마그네슘(Mg), 인(P), 황(S), 나트륨(Na), 칼륨(K), 염소(Cl) 등이 있다. 미량무기질(micromineral)은 1일 필요량이 100mg 이하, 혹은 체중의 0.005% 이하 존재하는 무기질로 철(Fe), 구리(Cu), 망간(Mn), 요오드(I), 코발트(Co), 셀레늄(Se), 아연(Zn), 불소(F), 몰리브덴(Mo) 등이 있다.

무기질은 체내에서 경조직(골격, 치아- Ca, P Mg)과 연조직(근육, 신경조직- S,

알|고|가|기

무기질에 의한 식품구분

알칼리성 식품

연소된 후 남는 무기질이 Na, K, Fe, Mg, Ca으로, 물과 작용하여 체액을 알칼리화하는 식품으로 채소, 과일, 우유, 굴 등이 속한다.

산성 식품

연소 후 남는 무기질이 P, S, Cl로, 물과 작용하여 체액을 산성화하는 식품으로 고기, 생선, 달걀, 곡류 등이 있다.

P)을 구성하고 있으며 체내기능을 조절하는 물질[호르몬, 효소 등- 티록신(I), 인슐린(Zn), 비타민B_{12}(Co), 티아민(S), 헤모글로빈(Fe), catalase(Fe), glutathione peroxidase(Se)]등의 구성요소이다. 체액의 삼투압(Na, Cl), 체액의 산 · 염기 평형(Ca, P, Na, Cl), 심장박동 정상 유지(Ca, K), 혈액응고작용(Ca), 신경자극전달(Na, K, Ca), 근육의 수축성 조절(Ca, Mg) 등의 생리기능을 조절하고 있다.

2. 칼슘(calcium, Ca)

(1) 생리기능

① 골격 및 치아구성

뼈에는 조골세포와 파골세포가 있으며 이 두 세포들은 골격을 건강하게 유지하도록 돕는다. 조골세포는 뼈의 형성에 관여하며 파골세포는 오래된 뼈의 분해를 촉진한다.

칼슘은 체중의 1.5-2%를 차지하고 있으며, 그 중 99%는 뼈와 치아에서 인산칼슘($Ca_3(PO_4)_2$), 탄산칼슘($CaCO_3$) 형태로 존재하고 있으며 그밖에 혈청, 근육, 신경에 함유되어있다.

② 혈액응고

칼슘은 혈액응고과정의 여러 단계에서 필요하다. 혈관파열로 혈소판에서 트롬보플라스틴이 생성되며 트롬보플라스틴은 프로트롬빈을 트롬빈으로 전환시켜 트롬빈이 효소의 역할을 하여 피브리노겐을 피브린으로 전환시키며 피브린이 얽혀있는 사이에 혈구들이 끼여 혈액 응고체가 형성한다.

③ 신경전달물질의 방출

칼슘은 신경전달물질의 방출을 촉진하여 신경세포와 근육사이에 신경자극을 전달한다.

④ 근육 수축 및 이완

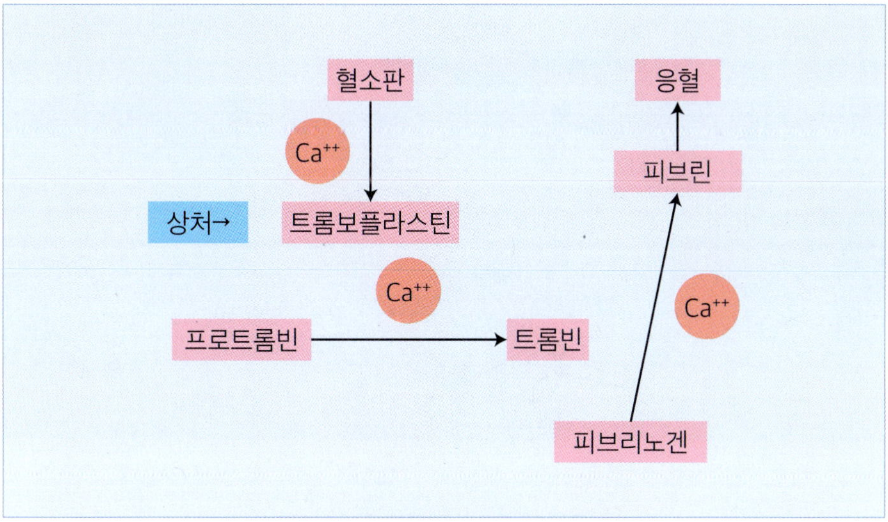

그림 7-1 혈액응고과정에 필요한 칼슘

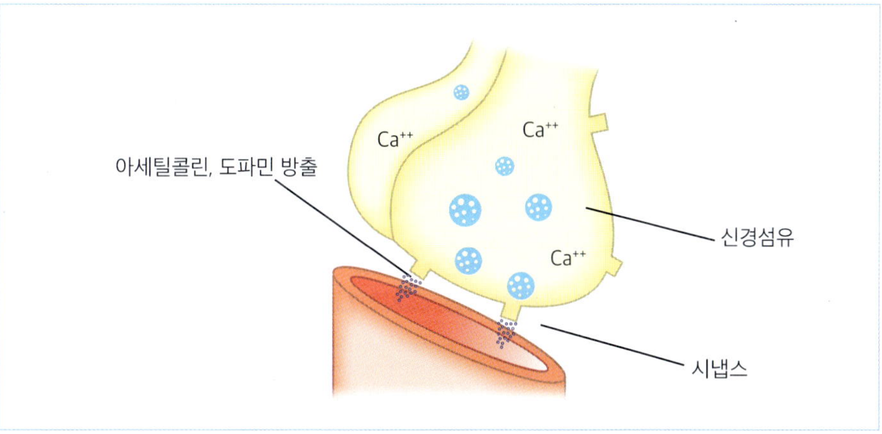

그림 7-2 신경전달물질의 방출에 관여하는 칼슘

근육단백질은 액틴과 미오신으로 구성되어 있는데 신경 자극에 의해 근육이 흥분하면 세포 안에 있던 칼슘이 방출되어 액틴과 미오신이 결합하여 근육이 수축한다. 방출된 칼슘이 세포로 되돌아가면 액틴과 미오신이 분리되면서 근육이 이완된다.

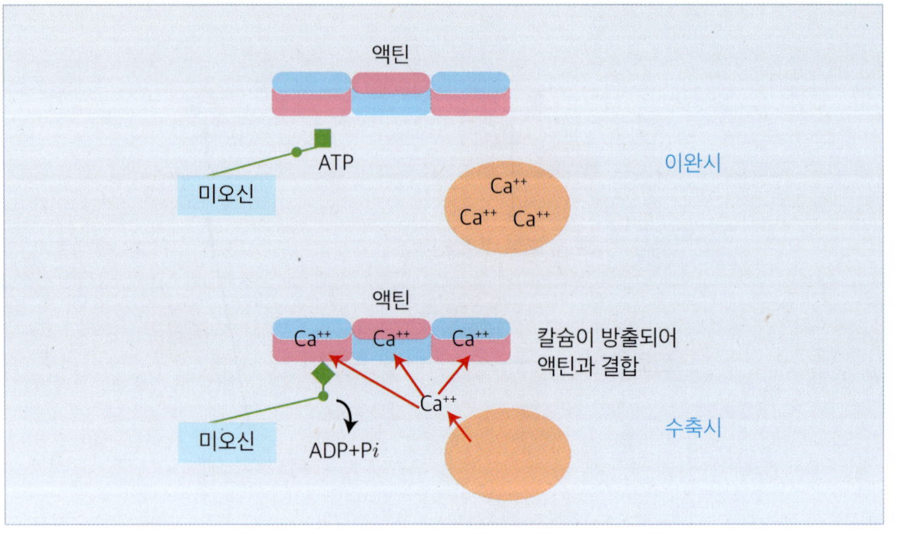

그림 7-3 **근육의 수축과 이완작용에 관여하는 칼슘**

(2) 세포막의 투과성 조절

칼슘은 세포막의 투과성을 조절한다. 세포외액의 칼슘농도가 증가하면 막의 투과성이 감소하며 칼슘농도가 감소하면 막의 투과성은 증가한다.

그외에도 칼슘은 나트륨의 소변으로의 배설을 촉진시켜 혈압을 낮춘다. 또한 체액의 약 알칼리성 유지 등에 관여한다. 뼈에 침착된 칼슘은 고정된 것이 아니고 항상 동적인 상태에 있으며 항상성을 유지한다.

① 칼슘 농도의 조절

칼슘의 혈중농도는 칼시토닌, 부갑상선 호르몬과 비타민D에 의해 9-10mg/100ml의 일정수준을 유지한다. 혈중 칼슘이 감소되면, 부갑상선에 있는 부갑상선 호르몬(PTH, parathyroid hormone)이 분비되어 소장상부에서 칼슘의 흡수를 증가시키고 신장에서 칼슘의 재흡수를 촉진하며 뼈로부터 칼슘의 분비를 자극하여 혈중의 칼슘농도를 높인다. 여성의 경우 폐경기가 되면 부갑상선 기능항진(hyperparathyroidism)이 일어나 지속적인 혈청 칼슘수준 저하(hypocalcemia)로 인해 골다공증을 유발한다.

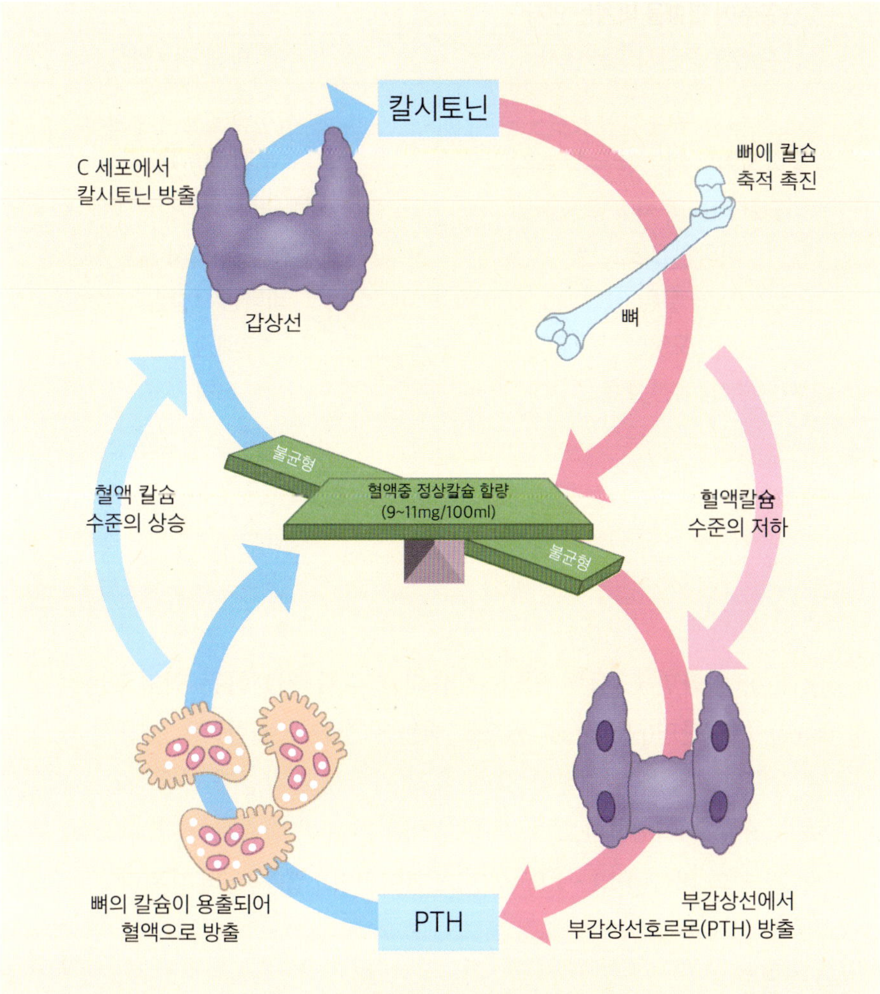

그림 7-4 **혈중 칼슘의 항상성 조절 기전**

(3) 흡수와 대사

보통 식사로 섭취되는 칼슘의 10~30%가 장을 통하여 흡수되는데 흡수율은 성인기에는 30% 내외이고, 모유영양아는 60%, 아동 및 청소년기에는 40%정도이며 체내 요구가 큰 성장기, 임신수유기에는 칼슘의 이용률이 증가한다. 칼슘의 흡수를 촉진하는 인자로는 부갑상선 호르몬(비타민 D를 활성화시켜 칼슘 흡수 증진), 소화기내의 산도가 산성일 경우, 유당(lactose), 리신(lysine), 아르기닌

표7-1 **칼슘흡수에 영향을 미치는 인자**

흡수를 증진시키는 인자	흡수를 방해하는 인자
소장 상부의 산성 환경	소장 하부의 알칼리성 환경
정상적인 소화관 운동 및 활성	위산 완화제
비슷한 비율의 식이 칼슘과 인	칼슘에 비해 과량의 인 철분, 아연 섭취
비타민 D 호르몬	피틴산, 수산, 흡수되지 않은 지방산
유당	비타민 D 결핍
포도당	폐경
부갑상선 호르몬	노령
에스트로겐	과량의 식이섬유
비타민 C	운동부족
	스트레스

(arginine), 비타민 C 등이 있다. 칼슘의 흡수를 저해하는 인자로는 수산염(oxalates), 피틴산염(phytates) 등으로 이들은 칼슘과 결합하여 불용성 염을 형성하여 칼슘의 흡수를 저해한다. 또한 유리 지방산도 칼슘과 불용성염을 형성하여 칼슘의 흡수를 억제한다. 칼슘과 인의 비율은 인이 칼슘보다 상대적으로 높을 때 (칼슘과 인의 비율이 1:1 - 1:1.5(성인), 1:2(어린이)) 흡수가 더 잘된다.

(4) 결핍증

성장기에 칼슘이 결핍되면 성장지연, 뼈의 기형, 구루병 등의 증상이 나타나고 성인기에 부족하게 되면 뼈의 약화, 골연화증(아기를 많이 낳고 칼슘섭취가 부족한 부인), 골다공증(폐경기 이후 여성), 근육이 떨림(경련, tetany) 등의 증상이 나타난다.

테타니(tetany)

혈액 속의 칼슘농도의 저하로 말초신경과 신경-근 접합부의 흥분성이 높아져 가벼운 자극에도 근육, 주로 손 등의 근육이 수축·경직을 일으키는 질환이다.

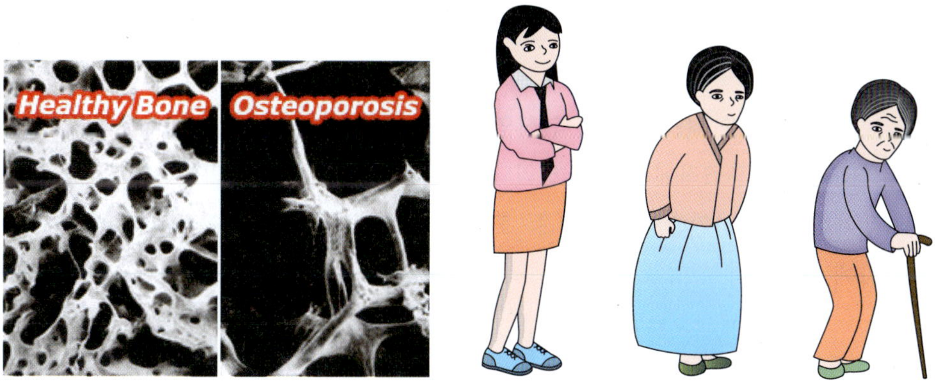

그림 7-5 건강한 뼈와 골다공증 뼈와 연령에 따른 골격의 변화

(5) 과잉증

과량의 칼슘섭취는 고칼슘혈증, 변비, 신장결석, 신장기능 손상 등을 초래한다. 또한 철, 아연 등 미량 무기질의 장내 흡수를 방해한다.

(6) 영양섭취기준

성인남자 19~49세는 800mg이며 성인여자는 700mg으로 정하고 있다. 상한 섭취량은 2,500 mg이다.

(7) 급원식품

칼슘의 가장 좋은 공급원은 우유와 그 밖의 유제품, 뼈째 먹는 생선류, 두류, 곡류, 해조류, 녹색 채소류 등이다. 우유는 약 50%정도 흡수되며, 멸치와 조개는 25%, 채소류는 20%정도 흡수된다. 흡수율이 차이가 나는 이유는 식품이나 제재로 섭취한 칼슘이 체내로 흡수되기 위해서는 위장 내에서 칼슘이온이 되어야 한다. 우유칼슘은 유당에 의해 흡수가 촉진되며, 카제인이 소장에서 분해될 때 생성되는 CPP(casein phospho peptide)가 칼슘과 강한 친화성을 나타내어 칼슘을 가용화하여 흡수한다. 1 컵의 우유에는 400mg, 분유 50g에는 450mg정도 있으며 상추, 양배추, 겨자, 순무는 1컵 당 100mg의 칼슘이 함유되어 있다.

3. 인(phosphorus, P)

인의 85%가 뼈와 치아에 인산염(phosphate)으로 존재하며, 10%가 근육에, 나머지가 신경조직에 포함되어 있다. 인은 산화적 인산화에 의한 ATP의 생성, 크레아틴(creatin)인산염의 생성 등 고에너지 화합물을 형성하여 세포의 에너지 대사에 중요하다.

(1) 생리기능

칼슘과 함께 뼈의 석회화에 필수적이다. 인은 세포막의 주요 구성요소인 인지질과 DNA, RNA등 핵산과 뉴클레오티드의 구성성분이며, 지단백질운반체(lipoprotein transport agents)의 성분이다. 고에너지 화합물인 ATP(adenosine triphosphate)를 합성하여 당질의 산화 및 에너지 대사에 관여하다. 혈액과 세포 내에서 산염기 평형을 조절하는 완충작용을 한다. 인은 티아민, 니아신, 비타민 B_6 등이 조효소로 활성화는데 필요하며 세포내 여러 대사과정에서 효소의 활성을 조절한다.

(2) 흡수 및 대사

식품으로 섭취한 인은 소장에서 인산염의 형태로의 유기화합물로 존재한다. 성인은 일반적으로 60-70%의 흡수율을 보인다. 영아는 모유의 인 중 80-90%를 흡수하며 우유에 함유된 인의 65-70%를 흡수한다. 성장기, 임신기, 수유기에는 흡수율이 더 증가한다.

배설은 신장에서 이루어지며 부갑상선 호르몬은 신장에서 인의 재흡수를 감소시키고 비타민 D는 인의 재흡수를 증가시킨다.

(3) 결핍증

인은 모든 식품에 들어 있어 결핍증이 거의 없다. 그러나 오랫동안 인이 부족한 식사를 하거나 제산제를 남용하거나 신장투석으로 인이 과다 배설되어 결핍되면 저인산혈증, 골격의 약화 등의 증상을 초래할 수 있다.

(4) 과잉증

신장은 혈액에 인이 많은 경우 이를 제거할 수 있어 정상인의 경우 문제가 없으나 심한 신부전 환자는 과잉증이 나타날 수 있다. 또한 칼슘의 섭취량은 적고 인의 섭취량이 많으면 부갑상선 호르몬 농도가 증가하고 뼈에서 칼슘이 빠져나가 골밀도가 감소하여 골절을 유발할 수 있다.

(5) 영양섭취기준

우리나라 성인 남녀의 1일 권장섭취량은 700mg으로 정하고 있으며 상한섭취량은 3,000 mg이다.

(6) 급원식품

인은 곡류, 두류, 유제품, 육류, 생선 등에 특히 풍부하다. 많은 다인산염 식품첨가제의 구성성분이며, 대부분의 청량음료에 인산의 형태로 들어있다. 또한 인은 콩, 완두콩, 곡물, 견과류 등에 피틴산 저장형태로 함유되어있다.

4. 나트륨(sodium, Na)

세포외액에 가장 많이 존재하는 양이온으로 염소와 결합하여 체액에 존재하며 소장에서 확산에 의해 흡수된다. 혈중 나트륨은 부신피질 호르몬인 알도스테론(aldosterone)에 의해 조절된다.

(1) 생리기능

세포내외액 간의 칼륨과 나트륨의 농도에 따라 생성되는 삼투압에 의해 세포 내외의 수분 평형이 조절된다. 나트륨과 칼륨은 세포 외액에서는 나트륨의 농도가 높고 세포 내액에서는 칼륨이 높게 유지될 때 세포 내외의 삼투압이 정상적으로 유지된다. 또한 세포막 사이의 나트륨과 칼륨의 농도차이에 의해 막전위가 형성되어 신경이 신호를 전달하거나 근육 수축과 심장 기능이 유지된다. 나트륨은

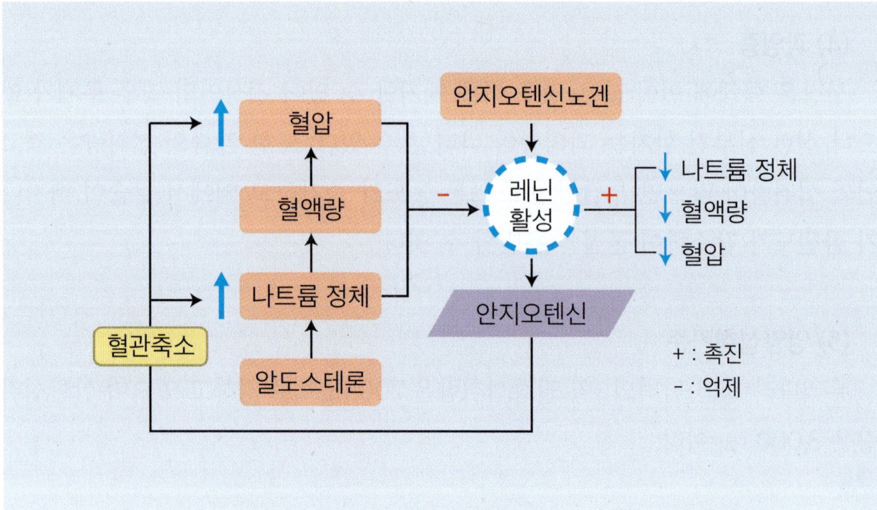

그림 7-6 **체내 나트륨 조절**

영양소 흡수에 매우 중요한 영양소로 포도당과 아미노산이 흡수될 때 나트륨이 이들 영양소와 함께 운반체에 결합한 후 나트륨 농도차에 의해 세포안으로 들어간다.

(2) 흡수와 대사

식품으로 섭취한 나트륨은 약 95%가 흡수되는데 위에서 소량 흡수되고 대부

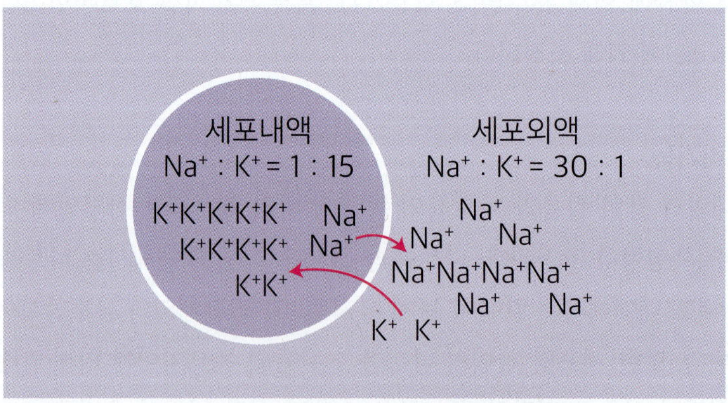

그림 7-7 **세포 내 외의 나트륨과 칼륨 분포**

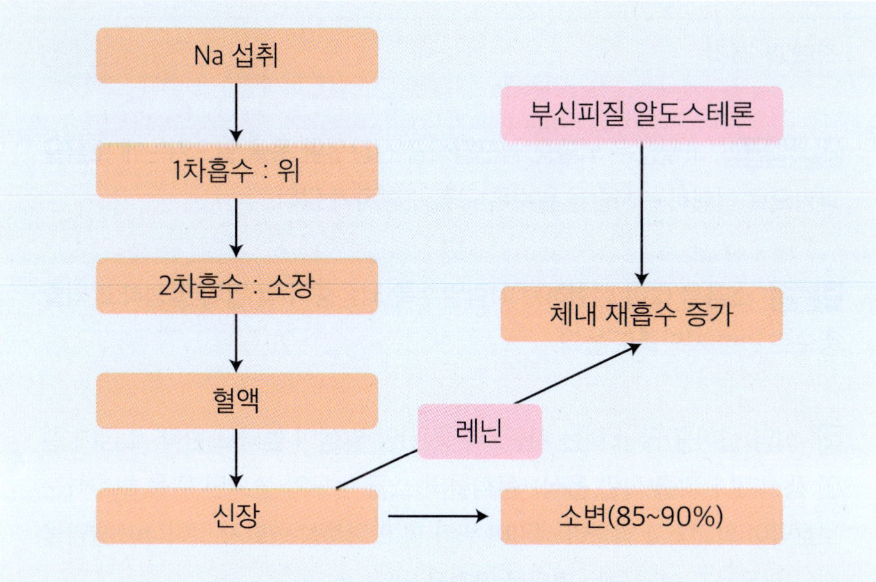

그림 7-8 **나트륨의 흡수와 대사**

분은 소장에서 흡수된다. 나트륨은 주로 신장에서 배설되며 신장에서 분비되는 레닌과 부신피질에서 분비되는 호르몬인 알도스테론은 신장의 세뇨관에서 나트륨의 재흡수를 증가시켜 체내 나트륨 농도의 항상성과 체액량을 조절한다.

(3) 결핍증

나트륨이 부족하면 혈압이 떨어지거나 근육경련이 일어날 수 있고 식욕부진, 구역, 구토, 집중 곤란, 혼미, 무기력, 흥분, 두통, 경련발작 등의 증상이 생긴다.

(4) 과잉증

나트륨을 오랫동안 과잉 섭취하면 수분이 체내에 보유되어 혈액량이 증가하므로 혈관의 저항이 증가하여 고혈압, 부종 등의 증상이 나타난다.

(5) 영양섭취기준

우리 몸에 필요한 나트륨의 양은 기후와 활동량에 따라 다르다. 사람에게 필요

식염과 건강

알|고|가|기

심혈관질환 고혈압은 뇌졸중 심근경색증 신장질환 등을 일으키는데 소금을 과잉으로 섭취하는 사람들 일수록 고혈압 환자가 많다.

뇌졸중 소금을 많이 섭취하는 사람일수록 뇌졸중이 더 많이 발생하고 뇌졸중으로 인한 사망률도 높다.

암 식염 섭취를 많이 하는 사람일수록 위암 발생이 높다고 한다. 소금에 절인 생선이나 피클(절인 음식), 음식물의 소금 농도가 높으면 위를 보호하는 보호막이 파괴되고 염증이 생기며 위가 헐고 위축성 변화가 일어나며 발암물질이 작용하기 쉽게 하는 것으로 알려져 있다.

골다공증 염분을 많이 섭취하면 신장에서 칼슘이 빠져나가므로 골다공증이 잘 생긴다. 이런 현상은 노인에서 더 많이 나타난다.

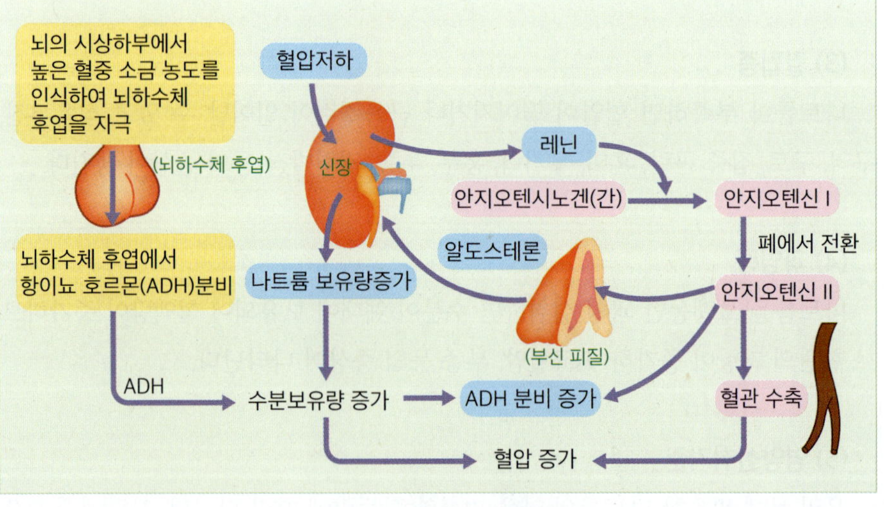

그림 7-9 **혈압조절기전**

한 나트륨의 최소량은 하루 200~400 mg으로 소금 0.5g~1.0 g에 들어있는 양이다. 우리나라에서는 하루 나트륨 충분섭취량을 1.5g으로 정하고 하루 섭취가 2.0 g을 넘지 않도록 권장하고 있다.

(6) 급원식품

소금과 소금을 함유한 식품에 많이 함유되어 있으며 가공식품에 많다. 된장, 간장, 고추장, 케첩, 감자칩, 젓갈 등과 베이킹 파우더와 화학조미료, 발색제로 사용되는 아질산 나트륨 등에도 많이 함유되어 있다.

5. 염소(chlorine, Cl)

(1) 생리기능

체중의 0.15%로 혈장과 세포외액에 음이온으로 분포하며 삼투압유지, 위액내의 염산의 구성성분으로 산성유지하며 펩시노겐을 펩신으로 활성화시키며, 산, 염기 평형, 신경 흥분 등을 조절하는 기능이 있다.

(2) 흡수와 대사

염소는 나트륨, 칼륨과 함께 소장에서 흡수되며 소변으로 배설되고 소량은 땀으로 배설된다. 나트륨과 함께 알도스테론의 작용으로 신장에서 재흡수된다.

(3) 결핍증

소화불량, 식욕부진, 위내 세균 억제력 감소 등이 나타난다.

(4) 과잉증

염소의 과잉 섭취로 체내 염소 보유량이 증가하면 나트륨 이온의 보유도 증가하여 혈압이 높아진다. 위산과다증이 나타난다.

(5) 영양섭취기준

권장량이 설정되어 있지 않고 성인의 하루 충분섭취량은 2.3g으로 정해져 있다.

(6) 급원식품

염소는 나트륨과 함께 존재하므로 나트륨 함유 식품에 많다.

6. 칼륨(potassium, K)

칼륨은 신체 총량의 약 95%가 세포내액에 존재하는 양이온이다.

(1) 생리기능

칼륨은 나트륨과 함께 막 전위를 형성하여 신경전도, 근육수축, 심장기능의 유지에 중요한 역할을 한다. 칼륨은 근육을 이완시키므로 칼륨의 농도가 너무 높으면 심장근육이 이완되어 심장마비를 일으킬 수 있다. 나트륨과 함께 체액과 삼투압을 정상적으로 유지하며, 나트륨과 길항작용이 있어 체내의 나트륨을 배설시킨다. 혈압조절에는 나트륨/칼륨 비율이 중요하므로 칼륨과 나트륨을 1:1의 비율로 섭취하는 것이 바람직하다. 칼륨은 글리코겐과 단백질 합성에 필요하다. 혈당이 글리코겐으로 전환될 때 칼륨을 함께 저장하므로 적정 양의 칼륨이 공급되지 않으면 저칼륨증이 초래될 수 있다. 세포 단백질 내에 질소를 저장할 때도 칼륨이 필요하다.

(2) 흡수와 대사

칼륨은 소장 벽을 통해 흡수된다. 칼륨은 소화액의 성분으로 소장으로 배출되는데 대부분 재흡수되고 소량이 대변으로 배설된다. 나트륨-칼륨 펌프에 의해 나트륨이 세포 내에서 세포 외로 이동되면 칼륨이온은 세포 내로 이동되어 세포외액과 세포내액간의 평형을 유지한다.

(3) 결핍증

칼륨 결핍증은 거의 없으나 지속적인 구토와 설사, 장기간의 칼륨제한 식사, 알코올 중독증, 이뇨제 복용, 심각한 영양실조, 수술 등에 의해 칼륨이 결핍되면 저칼륨혈증과 결륨 결핍증이 발생할 수 있다. 저칼륨혈증일 때는 근육약화, 호흡기능 약화, 복부 팽창, 소화기능 약화, 심장이상 등의 증세가 나타난다.

(4) 과잉증

신장기능이 정상이면 식사에서 섭취하는 칼륨정도로는 과잉증이 나타나지 않으나 신장질환일 때 혈중 칼륨 농도가 상승하면 고칼륨혈증이 나타나 심장박동이 느려져 부정맥을 일으켜 심부전을 유발 할 수 있다.

(5) 영양섭취기준

성인의 1일 충분섭취량은 3.5 g으로 정하고 있다.

(6) 급원식품

과일, 채소, 곡류, 육류, 생선 등에 함유되어 있으며 고구마 감자, 토마토, 시금치, 바나나 등이 급원식품이다.

7. 마그네슘(magnesium, Mg)

마그네슘은 300종 이상의 효소체계에 있어 보조인자로서 작용한다. 마그네슘의 60% 정도는 뼈와 치아에 들어 있으며 나머지는 근육, 혈액, 연조직에 들어 있다.

(1) 생리기능

칼슘 및 인과 복합체를 형성하여 골격과 치아를 구성한다. 미토콘드리아에서 ATP를 생성하는 과정에서 마그네슘-ATP 복합체를 이루어 ATP를 안정화시키며 에너지 대사에 관여한다. 마그네슘은 세포막을 통한 칼륨, 칼슘 등의 이온전달에 관여하여 신경의 흥분과 근육, 심장의 정상적인 기능에 필요하다. 마그네슘은 근육을 이완시키고 신경을 안정시킨다. 마그네슘이 세포 내외로 운반될 때는 운반체와 에너지가 필요하며, 호르몬의 영향을 받는다. 마그네슘은 또한 심장근육세포 내에서 세포외로 칼륨이 운반되는 것을 조절한다. 체내 마그네슘의 항상성은 신장에 의해 조절된다.

(2) 흡수 및 대사

소장에서 흡수되며 흡수율은 45% 이다. 칼슘과 마그네슘은 흡수될 때 서로 경쟁하며 곡류의 피틴산, 과량의 칼슘섭취는 마그네슘의 흡수를 저해한다. 배설은 담즙을 통해 대부분이 일어나며 소변과 땀으로 나머지가 배설되며 식품으로 섭취되어 흡수되지 않은 마그네슘은 대변을 통해 배설된다.

(3) 결핍증

마그네슘은 자연계에 널리 분포되어 섭취가 부족되는 경우는 거의 없다. 그러나 만성설사, 구토, 알코올 중독자, 콰시오커 등에서 마그네슘 결핍증이 나타난다. 마그네슘이 심하게 결핍되면 신부전을 일으키며 근육통, 발작 등의 신경성 근육경련이 나타난다.

(4) 과잉증

정상적인 식사를 통해 마그네슘을 섭취하는 경우에는 부작용이 없다고 알려져 있으나 과다한 양의 보충제를 복용하거나 신장기능에 이상이 있는 경우 혈중 마그네슘 농도가 증가하여 근력약화, 호흡곤란, 심장박동 이상 등의 증상이 나타난다.

(5) 영양섭취기준

성인 남자의 권장섭취량은 350mg, 성인여자의 권장섭취량은 280 mg으로 정하고 있다.

(6) 급원식품

자연계에 널리 분포하며 주요 급원식품은 전곡류, 코코아, 견과류, 두류 등이 있다. 시금치와 같은 푸른 잎 채소에도 많이 함유되어 있으나 수산과 피틴산때문에 흡수가 좋지 않다.

8. 황(sulphur, S)

황은 비타민이나 아미노산의 구성성분으로 존재한다. .

(1) 생리기능

황은 메티오닌과 시스테인의 구성성분으로 결체조직, 손톱, 모발 등에 함유되어 있다. 산과 알칼리 평형에 관여하며 글루타티온 구성성분으로 체내에서 산화환원반응에 관여한다. 또한 인슐린, 비타민 B_1, 비오틴, 코엔자임 A의 구성성분이다.

(2) 흡수와 대사

식품 중의 황은 대부분 함황아미노산 형태로 소장벽을 통해 흡수된다. 함황아미노산이 대사되면 황산음이온이 생성되며 신장에서 칼슘의 재흡수를 억제한다. 즉 동물성 단백질을 과잉 섭취하면 소변으로 칼슘 배설이 증가된다.

(3) 결핍증

함황아미노산이 함유된 식품을 풍부히 섭취하면 결핍증은 나타나지 않는다.

(4) 과잉증

과잉증에 대해서는 알려진 바가 없다.

(5) 영양섭취기준

황의 영양섭취기준은 정해져 있지 않다.

(6) 급원식품

육류, 우유, 달걀, 두유 등의 단백질 식품에 많이 함유되어 있다.

| 요 | 약 |

무기질은 일차적으로 체액의 구성성분이며, 각각 특정 기능을 수행한다. 무기질은 다양한 역할을 하며 구조적으로 치아와 골격에 단단함과 강함을 제공한다. 골 무기질 구성성분은 신체에서 필요한 다른 것들을 위한 저장고로 쓰인다. 무기질은 근육수축과 이완 작용에 관여하여 신경기능에 영향을 준다. 무기질은 효소를 보조하고 체액의 산-염기 균형을 유지하며 혈액응고와 상처치유를 위해 필요하다.

다량 무기질은 칼슘, 인, 마그네슘, 황, 그리고 나트륨, 칼륨, 염소와 같은 전해질 등이며 매일 100mg 이상의 양을 필요로 한다. 무기질의 일차급원은 식물성과 동물성 식품이다. 중요한 식물성 공급원은 대부분의 과일, 채소, 콩류, 통곡류 등이다. 동물성 공급원은 소고기, 가금류, 알류, 생선, 유제품 등이다. 무기질은 조리됐을 때 안정적이지만, 생물학적 이용가능성은 급원에 따라 다르다. 식물성 무기질은 결합제가 흡수를 방해하기 때문에 체내에서 이용하기 쉽지 않다. 일반적으로 동물성 식품에 함유된 무기질이 식물성보다 더 쉽게 흡수된다.

| 주 | 요 | 용 | 어 |

다량 무기질(major minerals) 매일 100mg 이상의 양이 요구되는 필수영양 무기질

부종(edema) 순환계에서의 흐름이 지연되어 간질공간에 체액이 과다하게 축적된 것

세포내액(intracellular fluid) 칼륨과 인이 많은 수분으로 구성된 세포 내의 액체

세포외액(extracellular fluid) 간질액, 혈장, 신체 기관과 물질의 수분요소를 포함하여 세포 밖에 있는 모든 체액

알도스테론(aldosterone) 신장에서 나트륨 수준에 반응하여 부신피질에서 분비되는 호르몬으로 필요 시에 체액의 균형을 이루기 위해 신장에 영향을 미친다.

저나트륨혈증(hyponatremia) 혈액 속에 나트륨 양이 적은 것

칼시토닌(calcitonin) 갑상샘의 특수 C 세포에 의해서 분비되고, 혈중 칼슘 수치가 높을 때 반응하여 작용하는 호르몬

항이뇨호르몬(antidiuretic hormone, ADH) 체액을 줄이고 수분의 배출을 감소시키기 위해 뇌하수체에 의해 분비되는 호르몬; 바소프레신이라고 불린다.

| 복 | 습 | 하 | 기 |

1. 무기질의 체내 작용에 대해 맞지 않는 것은?

① 신경흥분의 전달을 돕는다.
② 혈액의 산-알칼리 평형을 조절한다.
③ 뼈와 치아와 같은 경조직에만 존재한다.
④ 체내 수분 함량의 평형을 유지한다.

2. 다음 중 칼슘의 흡수에 대한 설명으로 바르지 않은 것은?

① 흡수율은 성장단계에 따라 차이가 난다.
② 비타민 C는 흡수를 촉진시키는 인자이다.
③ 식이섬유는 흡수를 방해하는 인자이다.
④ 섭취한 칼슘 대부분은 대장에서 흡수된다.

3. 칼슘의 항상성 조절에 대한 설명으로 바른 것은?

① 부갑상선 호르몬은 뼈로부터 칼슘을 방출시킨다.
② 부갑상선 호르몬은 신장에서의 칼슘 재흡수를 막는다.
③ 칼시토닌은 뼈로부터 칼슘이 방출되게 한다.
④ 부갑상선 호르몬은 섭취한 칼슘의 흡수를 저해한다.

4. 비타민 B_6의 활성화에 필요한 무기질은?

① 구리
② 황
③ 셀레늄
④ 인

5. 칼슘의 체내 작용에 대한 설명으로 틀린 것은?

① 뼈를 견고하게 한다.
② 근육의 수축과 이완작용을 돕는다.

③ 혈압을 높인다.
④ 혈액응고 과정에 필요하다.

6. 인체에 가장 많은 무기질은?
① 철
② 나트륨
③ 칼슘
④ 칼륨

7. 메티오닌, 시스틴, 시스테인과 같은 아미노산에 존재하는 무기질은?
① 크롬
② 황
③ 셀렌
④ 불소

8. 인에 대한 설명으로 틀린 것은?
① 뼈의 형성에 관여한다.
② DNA의 구성성분이다.
③ ATP의 구성성분이다.
④ 비타민 B_{12}의 구성성분이다.

9. 인산과 결합하여 피리독살 인산염이 되어야 활성형이 되는 영양소는 무엇인가?
① 비타민 B_1
② 비타민 B_2
③ 비타민 B_6
④ 비타민 B_{12}

Chapter 07

정답과 힌트

1. ③

2. ④

섭취한 칼슘염은 산성 용액에서 더 잘 용해되는데 소장 상부는 위에서 내려온 염산과 섞여 있는 음식이 아직 알칼리성인 췌장액이나 소장액과 많이 섞이지 않은 곳이기 때문에 흡수는 대부분 소장의 상부에서 일어난다.

3. ①

혈중 칼슘농도가 감소하면 부갑상선 호르몬이 뼈를 자극하여 뼈에 저장해 두었던 칼슘을 방출하게 하고, 신장으로부터 칼슘을 재흡수하며, 섭취한 칼슘의 흡수를 촉진시켜 혈액 내 칼슘 함량을 정상으로 유지하게 한다. 칼시토닌은 뼈에서 칼슘이 방출되는 것을 막아 혈액에 정상 이상으로 칼슘이 존재하지 않도록 조절한다.

4. ④

인은 니아신, 티아민, 비타민 B_6 등 여러 비타민의 활성화에 필요하다. 비타민 B_6는 인산과 결합하여 피리독살 인산염(PLP)이 되어 활성형이 된다.

5. ③

칼슘은 인, 소량의 나트륨, 마그네슘, 불소 등과 함께 뼈와 치아를 형성하며 근육 수축과정에 관여한다. 또한 혈액응고에 반드시 필요하다.

6. ③

칼슘은 인체에 가장 많은 무기질로 대부분이 뼈와 치아에 존재하며, 나머지는 혈액과 근육조직에 있다.

7. ②

황은 메티오닌, 시스틴, 시스테인 같은 함황아미노산에 들어있다.

8. ④

인은 칼슘과 함께 뼈와 치아 대부분의 무기성분을 형성하며 단백질 합성에 필수적인 DNA와 RNA도 인을 함유하고 있다. 인은 탄수화물, 지질, 단백질의 산화과정에 작용하여 고에너지 화합물인 ATP를 합성한다.

9. ③

비타민 B_6는 피리독살, 피리독신 및 피리독사민의 세 가지 화합물들을 모두 일컫는 명칭이며, 이들은 모두 간에서 인산화 과정을 거쳐 피리독살 인산이라는 조효소 형태가 되어 100여 개 이상의 효소가 관련된 반응에서 작용한다.

Chapter

08

제 8 장

미량 무기질 (Trace Mineral)

학습목표

이 장을 학습함으로써

1. 미량 무기질을 정의하고 분류하며 특성 및 기능을 알 수 있다.
2. 미량 무기질 철, 아연, 구리, 요오드의 생리기능, 결핍증, 과잉증, 영양섭취기준 및 급원식품에 대해 알 수 있다.
3. 미량 무기질 불소, 셀레늄, 망간, 크롬의 생리기능, 결핍증, 과잉증, 영양섭취기준 및 급원식품에 대해 알 수 있다.

1. 철(iron, Fe)

철은 체내에서 헤모글로빈과 미오글로빈의 구성성분으로서 산소를 운반하는 역할을 하며 산화, 환원효소의 구성성분이다.

(1) 생리기능

체내 철의 2/3가 적혈구 내의 헤모글로빈에 존재하며 25%는 쉽게 이용 가능한 저장철의 형태로 나머지 15%는 근육조직의 미오글로빈과 산화적 대사반응의 여러 효소의 구성성분으로 되어 있다. 세포와 세포사이의 철의 이동은 운반단백질인 트랜스페린과 철의 가역적인 결합을 통해 이루어지며, 세포막 표면에 있는 트랜스페린 수용체(transferrin receptor, TR)에 부착되어 세포내로 유입된다. 철은 페리틴이나 헤모시데린의 형태로 저장되며 헤모시데린은 페리틴의 분해산물로서 불용성이다. 간, 비장, 골수에 저장된다. 그외에 철은 미토콘드리아 전자전달계에 관여하는 효소의 구성성분으로 에너지 대사에 관여한다.

(2) 흡수와 대사

소장상부에서 흡수되며, 흡수율은 동물성 식품은 10~30%이며 특히 육류, 생선, 가금류(Meat, fish, poultry)는 햄철로 함께 섭취한 다른 식사 성분 중의 철의 흡수도 증가시킨다. 곡류나 채소 등에 들어있는 식물성 철은 비햄철로 흡수율이 2~10%로 낮으므로 식사할 때 동물성 식품과 식물성 식품을 함께 섭취하는 것이 바람직하다. 비타민 C의 섭취나 위산분비에 의해 위내가 산성이 되면 3가 철인 산화형 철[ferric iron (Fe^{+++})]이 환원형 철인 2가 철[ferrous iron (Fe^{++})] 로 되어 흡수율이 높아진다. 이외에 철의 흡수를 촉진하는 인자는 ① 체내 저장량이 적을 때 ② 성장기, 임신기, 수유기 ③ 저영양상태 ④ 구연산, 젖산 같은 유기산 등이다. 철의 흡수를 방해하는 인자로는 ① 콩이나 곡류에 많은 피틴산, 시금치에 많은 수산, 차 등에 많은 탄닌산 등이 있다. ② 염산의 감소 ③ 흡수불량증 ④ 비햄철 등이다.

(3) 결핍증

식이로 섭취되는 철분이 결핍되면 철분 결핍성 빈혈이 나타난다. 주로 영유아, 사춘기, 청소년, 임신부 등에서 결핍증세가 나타난다. 철 결핍은 처음에는 체내 철 저장량을 나타내는 혈청 페리틴 농도가 감소하며, 두 번째로 철을 운반하는 트랜스페린포화도의 감소가 나타나나 빈혈증세를 나타내지는 않는다. 그 후 헤마토크리트(전체 혈액에서 적혈구가 차지하는 %), 헤모글로빈(혈액내 헤모글로빈의 함량, 혈액의 산소운반능력을 나타내는 지표)이 낮아지면서 소적혈구성, 저색소성 빈혈이 나타나 피로, 어지러움, 두통, 무기력, 창백한 안색 등의 증상을 보인다.

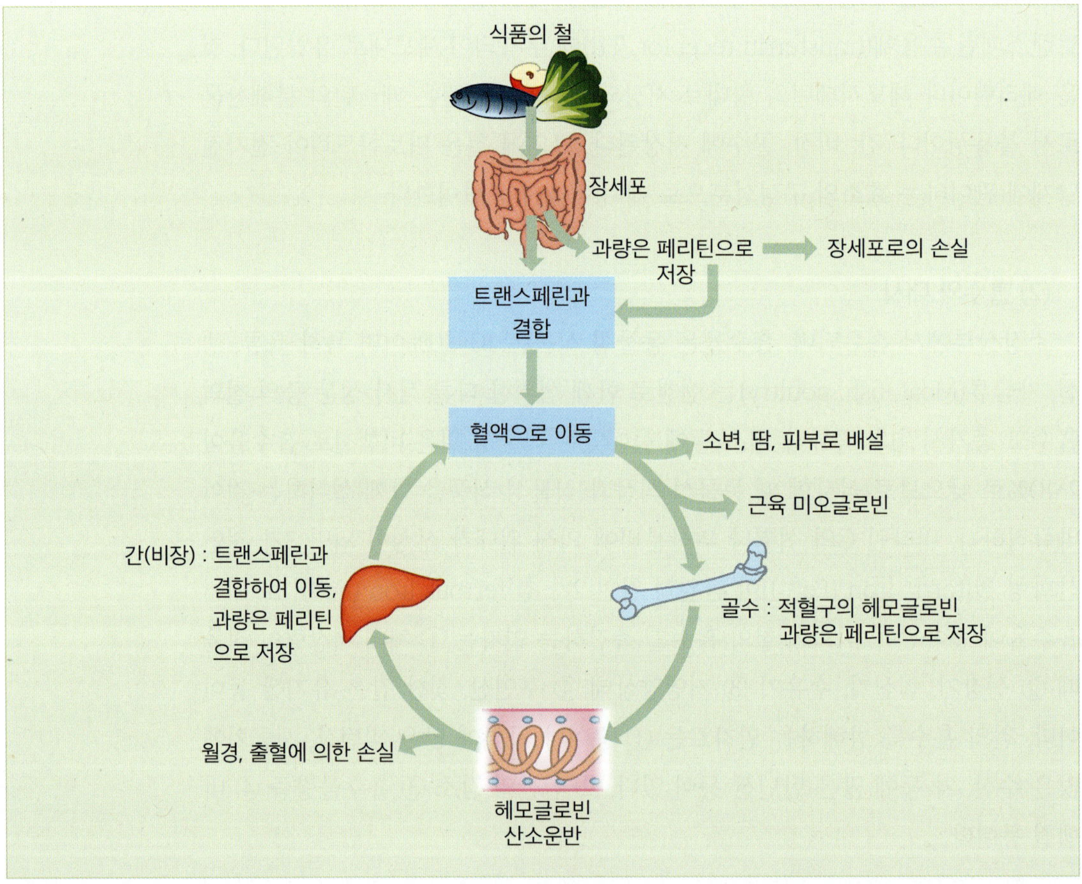

그림 8-1 철의 대사

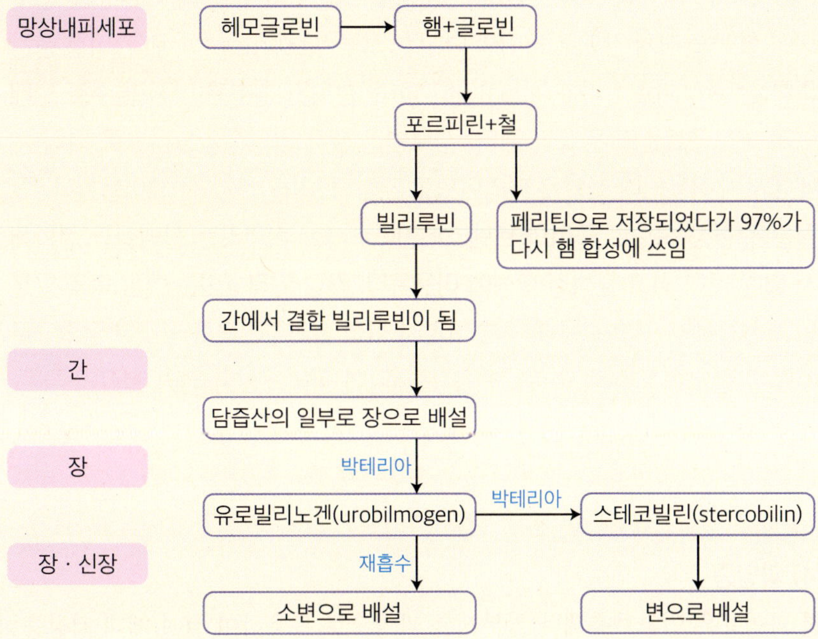

헤모글로빈 대사

적혈구는 무핵의 세포이며 혈액 $1mm^3$속에 남자는 약 500만 개가 들어 있고, 여자는 약 450만 개가 들어 있으며, 유형성분의 99% 이상을 차지하고 있다. 적혈구는 혈류 속에서 여러 가지 모양으로 달라질 수 있으며, 적혈구의 직경보다 적은 모세혈관도 통과할 수 있다. 적혈구 속에는 혈색소가 들어 있는데 수명은 약 120일이며, 전체 적혈구의 약 0.8%는 매일 사멸되고, 또 다시 새로운 적혈구가 골수에서 만들어진다. 적혈구의 생성에는 비타민 B_{12},비타민B_6,엽산, 철, 구리 등의 영양소가 관여한다.

적혈구는 혈류 속에서 약 120일 동안 생존한 다음 간, 비장, 임파절 등에 있는 망상내피세포의 대식세포가 오래된 적혈구를 처리한다. 적혈구 속의 헤모글로빈은 햄과 글로빈으로 분리되는데, 햄은 간에서 빌리버딘(biliverdin)을 거쳐 철분과 빌리루빈(bilirubin)이 되어 담즙으로 배설된다. 빌리루빈

(bilirubin)은 장관에서 우로빌리노겐(urobilinogen)이 되는데, 대부분은 흡수되어 혈액을 거쳐 간으로 들어와 다시 빌리루빈(bulirubin)이 된다. 이를 장간순환(enterohepatic circulation)이라 하며, 분리된 철분은 다시 골수로 보내어져 헤모글로빈의 원료가 된다. 글로빈은 분해되어 아미노산으로 되어 체내에서 재이용되며 철분은 페리틴으로 저장되었다가 97%가 재이용된다. 즉, 철분은 혈장 속으로 들어와 트랜스페린(transferrin)이라는 단백질과 결합해서 혈청 철이 되고 혈색소 합성에 이용된다. 간접 빌리루빈은 혈장 속의 알부민과 결합해서 간으로 운반되며, 여기서 직접 빌리루빈으로 변하고 담즙으로서 십이장으로 배설되고 글로빈은 분해되어 아미노산이 되어 혈장·조직액·간세포로 들어가서 대사된다.

(4) 과잉증

철 과잉증은 영양보충제나 철분제를 과잉으로 복용하여 철이 체내 저장능력이상으로 축적되었을 때나 유전적 질환이 있을 때 나타난다. 철을 저장하는 간이 손상되며 심장질환도 나타날 수 있다.

(5) 영양섭취기준

성인남자는 1일 10 mg, 성인여자는 14 mg이며 임신부와 수유부는 24 mg을 권장하고 있다. 철은 보충제를 통하여 과잉섭취하면 위장장애를 유발하는 등 위해하므로 상한섭취량을 45 mg으로 정하고 있다.

(6) 급원식품

햄 철분을 함유하고 있는 육류, 어패류, 가금류 등이 있다. 곡류나 콩류, 진한 녹색 채소 등도 철의 함량이 높으나 식물성 식품에 있는 철은 비햄철로 흡수율이 낮으므로 비타민 C가 풍부한 과일이나 육류 등과 함께 섭취하면 흡수율이 증가된다. 철분함량과 흡수율이 낮은 식품으로 우유와 유제품이 있는데 우유의 칼슘은 장내에서 철분 흡수를 억제한다.

2. 구리

(1) 생리기능

구리는 체내에서 산화환원효소의 구성요소이며 생체반응의 필수 촉매인자로 작용한다. 구리함유효소는 아연 및 철 의존성 효소들에 비해 적지만 에너지 생성, 철의 대사 등에 중요한 역할을 한다. 구리는 항산화효소인 구리, 아연 수퍼옥사이드 디스뮤테이즈[Cu, Zn-Superoxide Dismutase(Cu, Zn-SOD)]에 결합하여 세포의 산화적 손상을 방지한다. 세룰로플라스민(ceruloplasmin)은 구리를 운반하며 트랜스페린과의 결합을 촉진함으로써 저장된 철과 장관 내의 철을 헤모글로빈 생성장소로 운반하는 역할을 한다. 구리는 또한 미토콘드리아 내 전자전달계의 마지막 과정에 관여하는 효소의 구성성분으로 ATP 생성에 관여한다. 구리는 결합조직 단백질인 콜라겐과 엘라스틴이 교차결합을 하는데 작용하는 효소(lysyl oxidase)의 구성성분이다.

(2) 흡수와 대사

구리는 주로 소장에서 흡수되고 식사로 섭취한 구리의 약 50% 정도가 흡수된

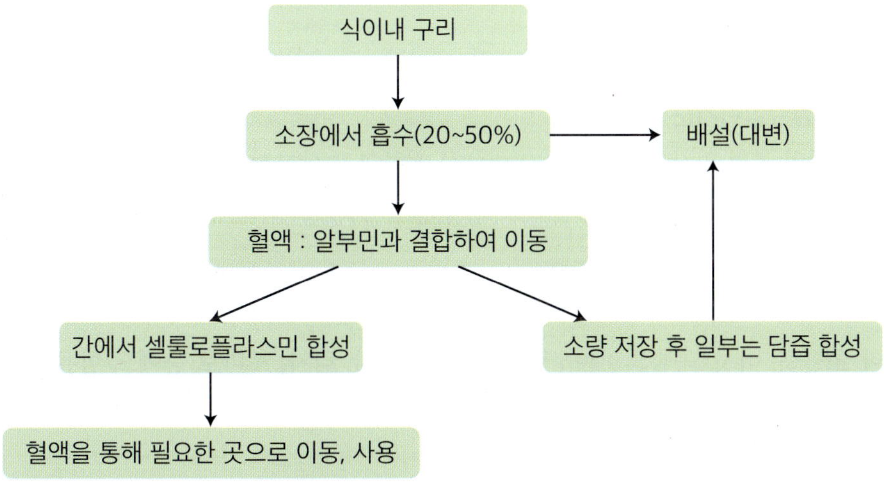

그림 8-2 식사로 섭취한 구리의 대사

다. 섭취량이 많으면 단순확산으로 흡수되며 장내농도가 낮을 때는 촉진확산으로 흡수율이 증가한다. 간에 세룰로플라스민의 형태로 저장되어 있어 필요할 때 혈액을 통해 조직으로 이동된다. 식이에 칼슘, 철분, 황, 아연 등이 많으면 구리의 흡수율이 떨어진다. 사용되고 남은 구리는 간으로 되돌아와 담즙을 통해 대변으로 배설된다.

(3) 결핍증

철의 이용률이 감소하고 적혈구 합성이 저하되어 빈혈이 발생된다. 구리는 결합조직 단백질의 세포간 또는 세포내 사슬가교 형성을 촉진하는 반응에 필요한 효소(lysyl oxidase)를 활성화시키므로 구리가 부족하여 이 효소의 활성이 억제되면 골격, 피부, 혈관이 비정상적으로 형성된다. 또한 항산화작용이 손상받는다.

(4) 과잉증

구리를 과잉섭취하면 신장 세뇨관의 손상, 간손상, 메스꺼움, 구토, 복통, 설사 등의 증상이 나타난다. 윌슨병은 유전질환으로 구리가 대사 되지 않아 정상적으로 담즙으로 배설되지 못하고 간, 뇌, 신장, 각막에 축적되어 갈색이나 녹색이 나타나는 질환이다.

(5) 영양섭취기준

성인의 구리 권장섭취량은 800 ㎍으로 정하였고 상한섭취량은 10mg 이다.

(6) 급원식품

구리는 소간, 돼지 간, 견과류, 두류, 굴, 패류 등에 많이 함유되어 있으며 코코아 초콜릿, 버섯, 곡류의 배아, 말린 과일, 바나나, 감자, 토마토 등에도 함유되어 있다. 채소, 우유에는 구리 함량이 적다.

3. 아연

아연은 체내에 존재하는 미량원소로 근육과 골격에 많이 들어 있다.

(1) 생리기능

아연은 효소의 생리적 활성에 필요하다. 아연은 생체내 여러 금속효소의 구성요소로 아연이 제거되면 활성도가 감소하였다가 아연과 함께 활성도가 복원되는 효소들을 아연금속효소(zincmetalloenzyme)라 하며, RNA 합성 효소(RNA polymerase), 알코올탈수소효소(alcohol dehydrogenase), 이산화탄소 운반에 관련되는 탄산탈수효소(carbonic anhydrase), 알칼라인 포스포타아제(alkaline phosphatase), 수퍼옥사이드 디스뮤테이즈(superoxide dismutase) 등이 있다. 아연은 T 세포 전구체의 분화에 영향을 주므로 아연이 결핍되면 T세포전구체의 분화가 저해되어 면역기능이 저하된다. 또한 미각기능에도 중요하다.

(2) 흡수와 대사

아연은 대부분 소장에서 농도가 낮을 때는 촉진확산으로 농도가 높을 때는 단

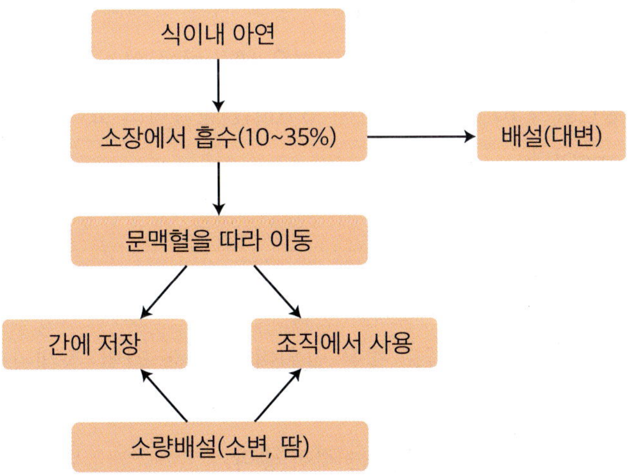

그림 8-3 식사로 섭취한 아연의 흡수, 대사, 배설

순확산으로 운반된다. 장세포 내에서 아연은 메탈로티오네인이라는 단백질의 합성을 유도하며 이와 결합하여 혈관으로 이동된다. 동물성 단백질과 시스테인이나 히스티딘과 같은 아미노산은 아연과 가용성 화합물을 만들어 아연의 흡수를 높힌다. 식물성 식품에 있는 피틴산은 아연과 불용성의 화합물을 형성하여 흡수를 저해하며 섬유소도 아연의 흡수를 저해한다.

(3) 결핍증

아연 결핍증은 1960년대 식이섬유와 피틴산을 많이 섭취하는 중동지역 청소년기 아이들에게서 심한 성장부진과 성적 성숙이 지연되는 원인이 식사중의 아연부족과 관련있는 것으로 밝혀지면서 알려졌다. 아연결핍은 이러한 성장지연 뿐 아니라 면역저하, 탈모, 식욕부진 등의 증상을 나타낸다.

(4) 과잉증

아연의 과잉 섭취는 철과 구리의 흡수를 억제하여 빈혈 등의 증상을 나타낼 수 있다. 또한 구토, 설사, 피로감 등의 증상이 나타난다.

(5) 영양섭취기준

아연은 매일 섭취해 인체로부터 손실되는 것을 보충해 주어야 한다. 영유아기, 청소년기, 임산부와 같이 새로운 조직을 만들어야 하는 사람들은 아연 필요량이 많다. 성인남자 10 mg, 성인여자 8 mg을 권장하고 있다. 아연의 상한섭취량은 1일 35 mg이다.

(6) 급원식품

육류나 패류, 간 등의 단백질식품에 많이 함유되어 있다. 곡류의 배아와 외피에 함유되어 있으므로 전곡류도 좋은 급원이다. 채소, 과일, 정제된 식품은 아연의 함량이 낮으며 우유는 카제인과 아연이 결합하여 아연의 흡수를 저해하므로 아연 흡수가 잘되는 모유를 섭취하는 것이 좋다.

4. 요오드

(1) 생리기능

요오드(iodine, I_2)는 갑상선호르몬의 구성성분이며 체내 대사를 조절하고 체온유지 등에 관여한다.

(2) 흡수와 대사

식품으로 섭취된 요오드는 음이온(iodide, I-)으로 환원된 후 대부분 위와 소장 상부에서 흡수되어 갑상선으로 이동한다. 요오드는 갑상선에서 당단백질인 티로글로블린(thyroglobulin, Tg)과 결합하여 테트라요오드티로닌[T_4(tetraiodothyrenine,T_4)]과 트리요오드티로닌[T_3(triiodothyronine,T_3)]을 형성한다. 이 두 물질은 갑상선 호르몬으로 작용한다. 갑상선자극 호르몬은 혈중의 갑상선호르몬 농도가 저하되면 분비되어 갑상선으로 요오드가 흡수되도록 자극하여 갑상선호르몬 합성을 유도한다. 요오드는 소변으로 배설되며 소량은 땀과 대변으로 배설된다.

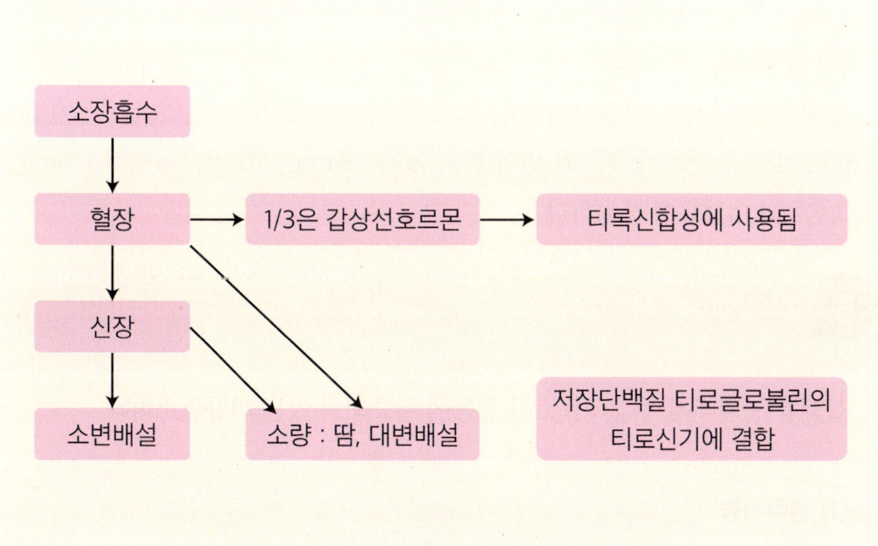

그림 8-4 식사로 섭취한 요오드의 흡수와 대사

그림 8-5 요오드 결핍증

(3) 결핍증

요오드가 결핍되면 단순갑상선종이 생기며 임신부의 요오드 섭취가 부족하면 태아의 뇌가 제대로 발달하지 못해 출생 후 정신박약, 성장지연, 보행능력이 떨어지며, 왜소증 등의 증상을 나타내는 크레틴병에 걸릴 수 있다. 우리 나라는 요오드가 풍부한 미역 등 해조류와 어류를 섭취하여 부족증이 거의 없으나 알프스, 히말라야, 남아메리카지역 일부, 미국의 북서쪽 등의 지역에서는 발생이 많아 여러 가지 방법으로 요오드를 공급하고 있다.

(4) 과잉증

보충제 등으로 인해 요오드를 과하게 섭취하면 갑상선 기능 항진증이나 바세도우씨병이 생긴다.

(5) 영양섭취기준

한국인의 요오드의 섭취가 부족되는 경우는 별로 없으며 성인의 권장 영양섭취기준은 150μg이다.

(6) 급원식품

요오드는 다시마(건조 179mg / 100g), 미역(건조 8.7mg / 100g), 김(건조 3.6mg / 100g) 같은 해조류와 멸치(건조 219~284mg / 100g), 굴(생것 126mg / 100g) 등의 어패류에 풍부하다.

5. 셀레늄

셀레늄은 체내에서 간, 신장, 심장 등에 분포되어 있는 미량원소이다.

(1) 생리기능

셀레늄은 체내에서 글루타티온 과산화효소(glutathione peroxidase, GSHPx)

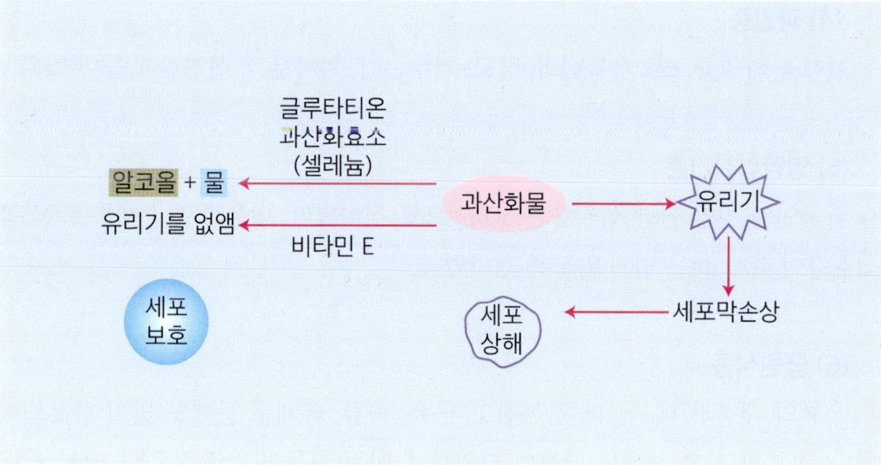

그림 8-6 셀레늄의 기능

의 구성성분으로 혈장에 존재한다. 글루타티온 과산화효소는 체내에서 생산된 과산화수소를 분해하여 과산화수소에 의한 세포손상을 억제하는 항산화기능을 한다. 유리기의 작용을 억제하는 작용이 있어 셀레늄이 충분하면 항산화작용에 요구되는 비타민 E를 절약할 수 있다.

(2) 흡수와 대사

식품 중의 셀레늄은 대부분이 아미노산인 메티오닌과 시스테인의 유도체와 결합되어 존재하며 이들은 쉽게 흡수되므로 다른 미량 무기질보다 생체 이용률이 높다. 영양보충제인 무기 셀레늄 형태로 공급하면 흡수율이 차이가 많이 난다.

(3) 결핍증

셀레늄이 결핍되어 나타나는 케산병(Kashin Beck disease)은 중국에서 주로 어린이와 젊은 여성들에게 나타나는 풍토성 심장근육질환으로 급성인 경우에는 갑작스런 심장기능 약화가 나타나고 만성인 경우에는 심장비대 등의 증상이 나타난다. 가장 특징적인 증세는 연골세포의 괴사로 연골의 비정상으로 인한 난쟁이 증세와 관절의 변형이 나타날 수 있다.

(4) 과잉증

셀레늄 과잉증으로 손톱변화, 탈모, 피부손상, 치아부식, 신경장애 등이 있다.

(5) 영양섭취기준

한국인의 성인 권장 섭취량은 60 μg으로 정하였다. 식품과 보충제를 통한 총 섭취량이 400 μg을 넘지 않도록 정하였다.

(6) 급원식품

육류의 내장과 해산물에 풍부하고 근육, 곡류, 유제품 등에도 많이 함유되어 있다. 곡류의 경우 셀레늄 함량이 다양한데 이는 식물이 자란 토양에 따라 함량이 다르기 때문이다.

6. 불소

불소는 충치예방과 관련된 미량원소로 체내 불소의 거의 대부분은 골격과 치아에 존재한다.

(1) 생리기능

불소는 뼈나 치아가 발달하는 과정에서 인산칼슘결정 형태인 하이드록시아파타이트(hydroxyapatite) 결정의 크기를 증가시키고 산에 저항력이 강한 플루오르아파타이트 결정을 형성하게 해 박테리아의 포도당의 이용을 방해하여 산의 생성을 감소시켜 충치를 예방한다.

(2) 흡수와 대사

불소는 주로 소장에서 흡수되고 흡수된 불소는 신장을 통해 소변으로 배설된다.

(3) 결핍증

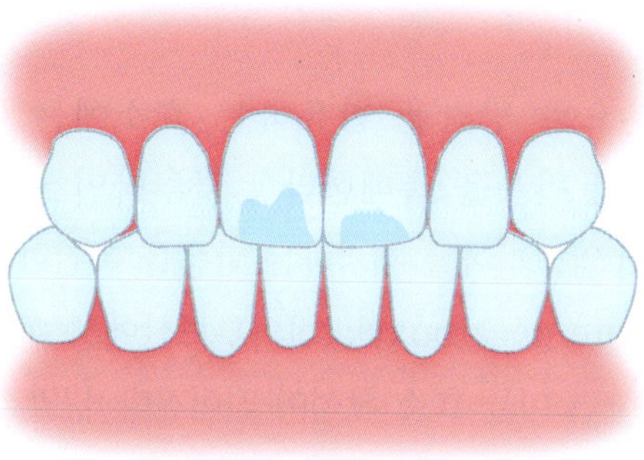

그림 8-7 불소를 과잉섭취하였을 때 나타나는 과잉증

불소가 결핍되면 충치발생률이 증가하고 노년기에 골다공증의 위험도 증가한다. 불소가 첨가된 식수나 음료수, 치약의 사용은 결핍증을 예방하는데 효과적이다.

(4) 과잉증

불소가 과잉으로 섭취되면 뼈나 치아에 불소가 과다하게 침착되어 반점이 생기며 골격과 신장에도 손상을 가져 올 수 있다.

(5) 영양섭취기준

우리나라에서는 불소의 권장섭취량은 정해져 있지 않고 성인 남자 충분섭취량 3.5 mg, 성인여자 3.0 mg 이다. 상한섭취량은 10 mg으로 정하고 있다.

(6) 급원식품

수돗물과 차, 해조류, 고등어, 정어리, 연어, 뼈째 먹는 생선류 등이 있다.

7. 망간

망간은 여러 금속효소 또는 조효소의 구성성분으로 여러 가지 대사에 관여한다.

(1) 생리기능

금속효소의 성분으로 망간을 함유하는 효소에는 아르기닌 분해효소(arginase, 요소형성 반응을 촉매한다.), 글루타민 합성효소(glutamine synthetase, 체내에서 암모니아를 제거하는 반응을 촉진한다.), 파이루베이트 디카복실라아제[pyruvate decarboxylase(피루브산에서 이산화탄소를 제거하는 효소로 망간이 부족하면 이들 효소 활성이 떨어진다.)], 망간 수퍼옥사이드 디스뮤테이즈[Mn-Superoxide dismutase(Mn-SOD, 수퍼옥사이드 유리기를 파괴하여 지질의 과산화를 방지한다.)] 등이 있다. 이러한 조효소의 구성성분으로 미토콘드리아에서 에너지 발생, 지방산과 콜레스테롤 합성, 탄수화물 대사, 간에서 지방 방출 등에 관여한다.

(2) 흡수와 대사

식사로 섭취한 망간은 불과 1~3% 정도만 흡수되며 그 후 담즙을 거쳐 소장으로 배출된다.

(3) 결핍증

식물성 식품에 많이 있고 소량이 필요하므로 결핍증은 별로 알려져 있지 않으나 성장 등에 결함이 생기고 지질과 당질 대사이상이 나타나기도 한다.

(4) 과잉증

식사를 통해서 과다 섭취되는 경우는 흔하지 않다. 망간의 과다 섭취는 근육조절의 손상, 심리적 장애 등의 증상을 보이며 중추신경계에 축적되면 신경근육에 이상이 생긴다.

(5) 영양섭취기준

성인의 망간 충분섭취량은 남자 4.0 mg, 여자 3.0 mg이고 상한섭취량은 11 mg으로 정하고 있다.

(6) 급원식품

식물성 식품에 많으며 호도, 땅콩 등의 견과류 도정하지 않은 곡류, 콩류 등에 많다.

8. 몰리브덴

(1) 생리기능

체내에서 산화환원 반응에 관여하는 금속효소의 보결분자단으로 작용한다. 인체에서 몰리브덴이 필요한 산화환원효소로는 잔틴산화효소(xanthine oxidase), 알데히드 산화효소(aldehyde oxidase), 설파이트산화효소(sulfite oxidase)가 있다.

(2) 흡수와 대사

몰리브덴의 대사는 섭취량이 많은 경우 대사가 빨라져서 소변으로 배설되는 양이 많아지며 섭취량이 적은 경우에는 소변 배설량이 감소한다. 몰리브덴은 간과 신장, 골격에 저장된다.

(3) 결핍증

정상적으로 식사를 하는 사람에게서는 결핍증이 나타나지 않으나 영양결핍 등에 의해 몰리브덴이 결핍되면 황과 퓨린 대사 이상, 허약 증세 등이 나타날 수 있다.

(4) 과잉증

몰리브덴은 독성이 적은 원소이어서 과잉증은 잘 나타나지 않으나 설사, 성장이 더디고 빈혈, 통풍 등의 증상이 나타날 수 있다고 한다.

(5) 급원식품

우유, 두류, 곡류 등이 몰리브덴의 좋은 급원이다.

| 요 | 약 |

미량 무기질은 철, 아연, 요오드, 불소, 셀레늄, 구리, 크롬, 망간, 몰리브덴 등으로 포함해 매일 20mg 이하의 양이 요구된다.

미량 무기질의 일차급원은 식물성과 동물성 식품이다. 중요한 식물성 공급원은 대부분의 과일, 채소, 콩류, 통곡류 등이다. 동물성 공급원은 쇠고기, 가금류, 알류, 생선, 유제품 등이다. 무기질은 조리됐을 때 안정적이지만, 생물학적 이용가능성은 급원에 따라 다르다.

식물성 무기질은 결합제가 흡수를 방해하기 때문에 체내에서 이용하기 쉽지 않다. 일반적으로 동물성 식품에 함유된 무기질이 식물성보다 더 쉽게 흡수된다.

| 주 | 요 | 용 | 어 |

갑상선종(goiter) 요오드 결핍에 의해 야기되는 갑상선이 비대해지는 질환
다뇨(polyuria) 과다한 배뇨
미량 무기질(trace minerals) 매일 20mg 이하의 양이 요구되는 필수영양 무기질
미오글로빈(myoglobin) 근육의 산소운반 단백질
반응물질(reactant) 화학작용 시에 참여하고 화학작용 동안 변형되는 물질
불소증(fluorosis) 과다한 불화물 섭취에 의해 야기되는 것으로 치아 에나멜에 반점이 생기거나 갈색의 얼룩이 생기는 상태
비헴 철(nonheme iron) 식물성 음식에서 발견되는 식이성 철
헤모글로빈(hemoglobin) 적혈구의 산소운반 단백질
헴 철(heme iron) 고기, 생선, 가금류의 동물성의 음식에서 발견되는 식이성 철

| 복 | 습 | 하 | 기 |

1. 체내에서 이용되는 철분의 급원이 아닌 것은?

① 체내에서 합성된 철분
② 파괴된 헤모글로빈으로부터 재흡수 된 철분
③ 섭취한 식품으로부터 흡수된 철분
④ 저장되었던 철분이 방출 된 것

2. 철분의 흡수를 증진시키는 식품이 아닌 것은?

① 쇠고기
② 오렌지 주스
③ 현미
④ 요구르트

3. 철분 결핍으로 인한 빈혈증 진단을 위한 지표가 아닌 것은?

① 트랜스페린 포화상태
② 헤마토크리트
③ 헤모글로빈 함량
④ 혈액 T_4,T_3함량

4. 근육세포 내에 존재하며 산소의 일시적 저장소 역할을 하는 철분 함유 복합물질은?

① 헤모글로빈
② 미오글로빈
③ 히드록시아파타이트
④ 메탈로티오네인

5. 철분의 흡수에 대한 설명으로 가장 바람직한 것은?

① 흡수율이 높아 대게 섭취한 철분의 약 90%가 흡수된다.
② 성장기나 임신부의 경우 철분 흡수율이 높아진다.
③ 철분의 흡수는 대부분 대장에서 일어난다.
④ MFP인자는 철분의 흡수를 방해한다.

6. 요오드에 대한 설명으로 바르지 않은것은?

① 갑상선호르몬의 구성성분이다.
② 요오드 결핍은 크레틴병을 일으킬 수 있다.
③ 해산물과 해조류에 풍부하다.
④ 체내 대부분의 요오드는 뼈에 존재한다.

7. 다음 중 혈액으로 들어온 철분을 필요한 곳으로 운반하는 역할을 하는 철분 운반단백질은?

① 시토크롬
② 트랜스페린
③ 헤모시데린
④ 미오글로빈

정답과 힌트

1. ①

체내에서 이용되는 철분은 헤모글로빈이 파괴되어 철분이 재흡수된 것, 저장되었던 철분이 방출된 것과 섭취한 철분이 장에서 흡수된 것의 세 가지 급원에서 비롯된다.

2. ③

현미나 통밀같은 통곡물은 다량의 섬유소와 피틴산이 있어 철분의 흡수를 방해하고, 식품첨가물로 사용되는 EDTA와 탄닌도 철분의 흡수를 방해한다. 육류, 생선류, 가금류 같은 동물성 식품에 함유되어 있는 철분은 흡수율이 높고 감귤류에 많이 함유되어 있는 시트르산, 젖산, 위액에 존재하는 염산은 철분의 흡수를 촉진한다.

3. ④

철분이 부족하면 트랜스페린과 결합할 철의 부족으로 트랜스페린의 포화도가 낮고, 적혈구의 수가 정상보다 적어 헤마토크리트도 낮고, 헤모글로빈을 생성하는 철분의 부족으로 헤모글로빈의 양도 적다. T_4,T_3는 요오드를 함유한 갑상선 호르몬이다.

4. ②

미오글로빈은 철을 함유한 근육 단백질로 근육 내에서 산소운반 및 저장기능을 한다.

5. ②

철분은 섭취한 철분의 약 10% 정도가 흡수된다. 그러나 성장기나 임신부와 같이 필요량이 많은 경우 철분의 흡수율은 높아진다. MFP 인자(meat, fish, poultry factor)인 육류, 생선류, 가금류에는 생체 내에서 이용이 잘 되는 헴형 철분이 들어 있을 뿐만 함께 먹은 다른 음식에 들어 있는 비헴형 철분의 흡수를 촉진하는 인자이다. 철분의 흡수는 대부분 십이지장과 소장의 상부에서 일어난다.

6. ④

성인의 체내에 함유되어 있는 요오드는 15~20㎎이고 그 중 약 70~80%는 갑상선에 존재하고 나머지는 혈액과 근육 등 조직에 존재한다. 임신중 태아에게 요오드의 공급이 적었거나 출생 후 어렸을 때 요오드의 공급이 부족되면 크레틴병이 발생한다. 요오드를 가장 많이 함유하고 있는 식품은 해산물이다.

7. ②

혈액으로 들어온 철분은 철분 운반단백질인 트랜스페린에 결합하여 필요한 곳으로 이동하게 된다.

Chapter

09

제 9 장

수분과 전해질 균형

학습목표

이 장을 학습함으로써

1. 체내 수분분포와 생리기능에 대해 알 수 있다.
2. 체내 필요량과 건강과의 관계에 대해 알 수 있다.
3. 체내 수분평형에 대해 알 수 있다.
4. 체내 전해질 균형에 대해 알 수 있다.

1. 수분

수분은 모든 생물체의 주요 구성성분이고 생명유지에 필수적인 성분으로 성인 체중의 60%를 차지하며 세포내액과 세포외액으로 분류된다. 세포내액은 체내 총 수분량의 약 40%를 차지하며 세포외액은 약 20%를 차지한다. 세포외액은 혈장과 세포간질액으로 되어 있으며 혈장은 혈관 내에 있는 액체이며 세포간질액은 세포와 세포를 둘러싸고 있는 액체이다. 수분통과는 나트륨, 칼륨, 염소 이온

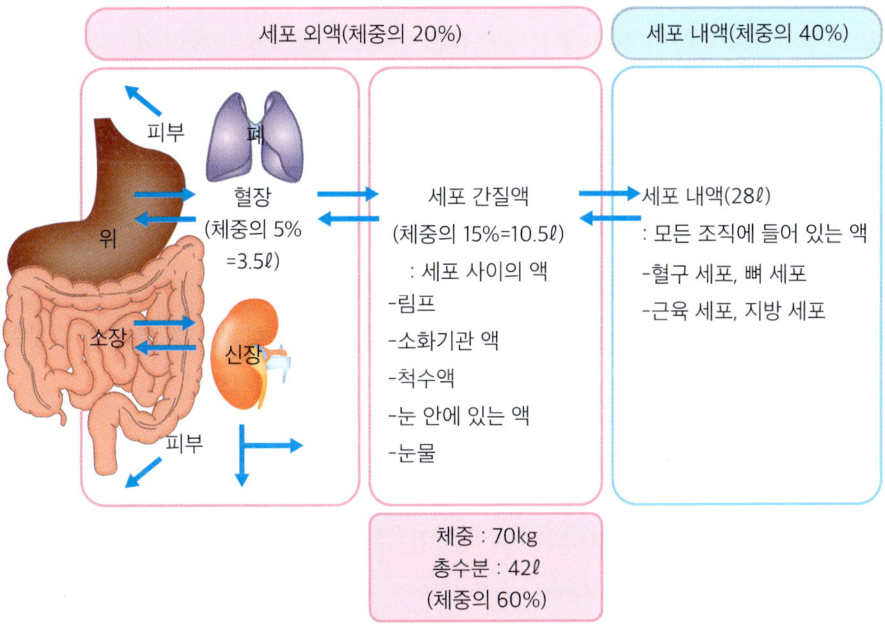

※체액(체중의 60%)

-세포내액(체중의 40%, 총체액의 50~60%)

-세포외액(체중의 20%) : 산소와 영양물질 공급, 노폐물 제거, 전해질 농도, pH 및 삼투질 농도 유지, 주된 무기이온은 Na^+, Cl^-, HCO_3^-

-혈장(혈관내액) : 체중의 5%

-간질액(혈관밖) : 체중의 15%

그림 9-1 체내 수분의 구성

의 농도에 따라 조절된다. 체내에서 수분이 차지하는 비율은 성별, 연령, 체조직의 구성에 따라 다르며 연령이 증가할 수록 수분의 함량은 감소한다. 근육조직은 지방조직에 비하여 수분함량이 높으므로 같은 체중이라도 근육이 많은 사람이 지방이 많은 사람보다 수분함량이 높다.

(1) 생리기능

체조직의 구성성분(60~65%)이며 영양소를 운반하고 영양소 대사과정에서 생긴 노폐물을 체외로 배출시킨다. 눈, 코, 입, 피부 등의 상피세포 조직은 수분이 부족하면 점액분비가 원활하지 못하고 세균에의 침입에도 쉽게 노출되어 면역저하로 이어지므로 수분이 매우 중요한 역할을 한다. 인체는 열이 나면 체표면을 통해 땀의 형태로 수분을 증발시키며 이때 기화열이 체온을 낮춰주는 등의 체온 조절을 한다. 수분은 전해질 농도에 따라 반투막을 통해 이동하여 전해질 평형을 이루고 관절액, 타액 등의 성분으로 외부 충격으로부터 보호하는 윤활작용을 한다.

(2) 흡수와 대사

삼투압의 차이에 의한 확산현상에 의해 흡수된다. 소화관으로 들어온 수분의 95%는 소장, 4%는 대장에서 흡수되고 1%는 소변으로 배설된다.

(3) 급원과 배설

수분의 급원으로는 음료수(액체), 고형식품, 대사수 등이 있으며 소변, 대변, 증

표 9-1 수분의 급원과 배설

수분의 급원	수분량(mℓ)	수분의 배설	수분량(mℓ)
액체(음료수) 고형식품 대사수	1,100~1,400 500~1000 300~400	소변 피부 호흡 대변	900~1,500 500~600 300~400 100~200
합계	1,900~2,800	합계	1,900~2,800

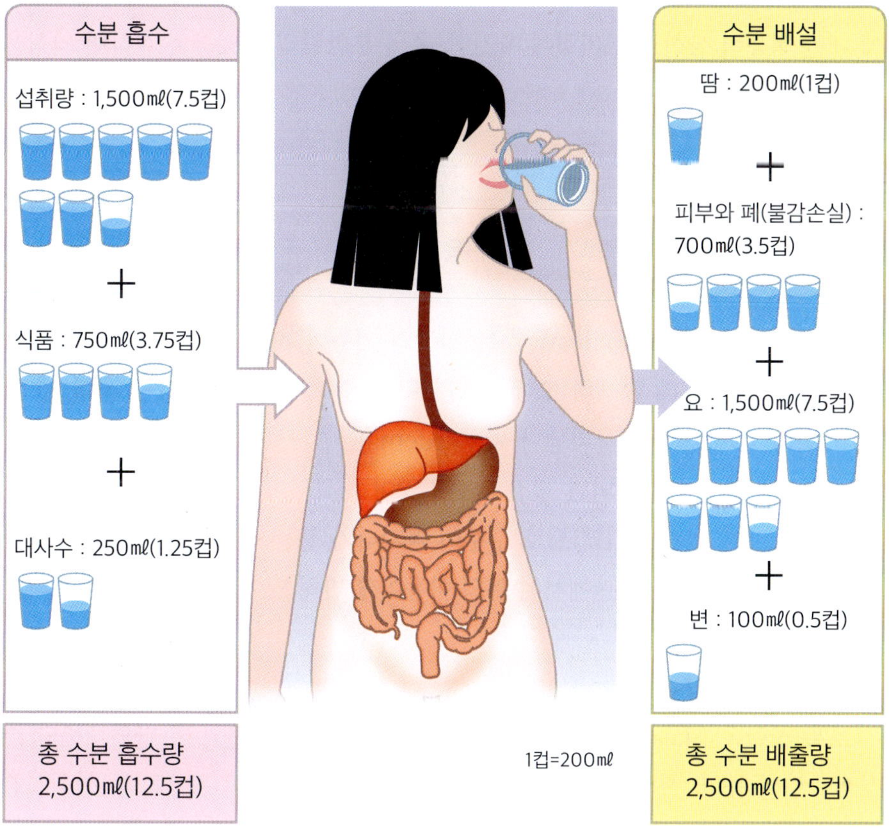

그림 9-2 **수분 섭취와 배설**

발작용(피부, 호흡) 등을 통해 배설한다.

(4) 수분 균형

수분 섭취량과 수분 배설량이 균형을 이룬 상태로 수분이 부족하게 되면 신체 중심부 온도 상승, 심혈관계 활동 곤란, 체온조절 능력손상, 신체수행능력이 감소한다.

탈수증(dehydration)은 더운날 수분을 보충해주지 않은 채 격심한 육체운동을 계속하거나 수분섭취가 부족한 상태에서 발생한다. 체내 총 수분량의 2%를 손실하면 갈증을 느끼고 4%정도 손실하면 근육이 피로하며, 운동중인 경우에는 지구력이 급격히 떨어진다. 체내 총수분량의 12%를 손실하면 외부의 높은 온도에 대한 적응력 상실로 무기력에 빠지며, 총 수분함량의 20%를 손실하면 의식을 잃고 사망한다.

수분 손실량	1~2%	4~5%	12%	20%
탈수증세	갈증	근육피로	무기력	사망

수분 중독(water intoxication)은 신장의 기능이 저하된 상태에서 단시간에 많은 물을 섭취할 때 발생하며 메스꺼움, 구토, 근육 경련, 방향감각 쇠퇴, 발작, 혼수, 사망 등의 증상을 나타낸다. 부종(edema)은 나트륨이 보유되거나 또는 단백질이 부족하거나 결핍되면 혈장의 삼투압이 저하되어 혈액 중의 세포와 세포 사이의 틈(세포간액, 조직액)으로 수분이 빠져나가 붓는 현상이다. 주로 손, 발과 같은 조직의 말초모세혈관에서 수분의 이동이 활발히 일어나 부종이 발생한다.

(5) 수분 필요량

보통 성인은 1 kcal 섭취 당 1.0 ㎖의 물이 필요하다. 어릴수록 단위체중당 수분필요량이 높다. 신생아는 1 kcal당 1.5 ㎖, 성인은 1.0 ㎖이 필요하다. 섭취식품이 고지방식이면 수분필요량이 감소(지방산화시 수분 생성량이 많다)하며, 고단백질식이면 수분필요량은 증가(요소배설을 위해)한다. 고염식, 고당질식일 경우에는 희석을 위해 수분 필요량이 증가한다. 커피, 엽차, 코코아(xanthine유도체 함유), 알코올을 섭취하게 되면 이뇨작용으로 수분 배설량이 증가한다. 휴식, 수면 중에는 수분손실이 적으나, 심한 운동이나 노동을 할 때에는 열 발산을 위해 많은 양의 수분 필요하다.

(6) 수분평형의 조절

뇌의 시상하부(갈증중추)는 혈액 중에 녹아있는 물질의 농도가 너무 진할 경우 갈증을 느끼게 된다. 혈액이 너무 농축되어 있으면 항이뇨호르몬(뇌하수체 후엽)이 분비되어 신장에서 수분 손실을 적게 한다. 체액량이 감소하면 부신 피질에서 알도스테론이 분비되어 신장의 나트륨 재흡수를 증가시키고 그에 따라 수분

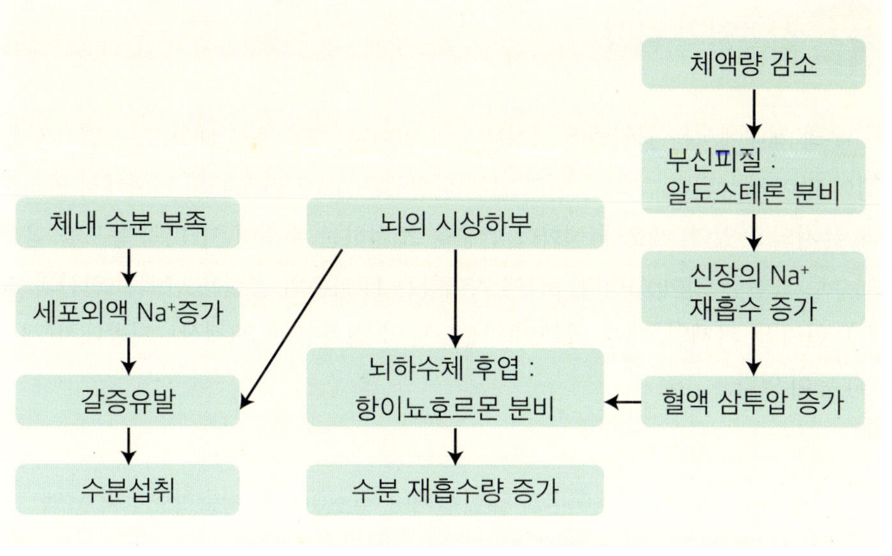

그림 9-3 **체내 수분균형의 조절**

재흡수도 증가시켜 수분평형을 조절한다.

(7) 전해질 균형

나트륨(Na^+)은 세포외액, 칼륨(K^+)은 세포내액의 주요 양이온이다. 세포내외의 이온농도 차이로 K^+는 세포외로 수동적으로 확산 이동한다. 세포내로 들어간 Na^+,세포외로 나간 K^+는 농도차이를 역행해서 계속 되돌려 보내져서 세포내외에 일정한 농도차이가 유지되어야 한다.

> 알|고|가|기
>
> **Na^+-K^+펌프 기능 : 능동적 이동에 관여**
>
> ① 휴식시 체내에서 소비되는 ATP의 약 1/3 이상이 Na^+K^+이온의 농도경사에 역행하는 이동에 사용된다.(세포에서 Na^+K^+의농도차이는세포용적을 조절하고, 신경과 근육세포가 전기적으로 흥분할 수 있도록 한다.)
>
> ② 당과 아미노산의 능동수송을 유도한다.

2. 산 · 염기 평형

우리 체내에서는 끊임없이 화학반응이 일어나 여러 가지 산성 또는 염기성 물질이 많이 생성된다. 그러나 우리 인체의 혈액은 pH 7.35~7.45의 범위에서 일정하게 유지되고 있다. 세포내 생화학 반응을 조절하는 수소이온[H^+]의 농도를 음의 대수로 표현한 것이pH이다. pH에 기여하는 H^+이온의 급원은 단백질(인산과 황산), 인지질, 카제인, 계란 알부민(인산), 당의 혐기성 호흡(젖산), 지방대사(케톤체) 등이 있다.

> **완충제(buffer)** : 수소이온과 결합하거나 수소이온을 방출함으로써 용액의 pH변화를 막아주는 물질

1) 완충제(bicarbonate buffer system)

체내에 존재하는 완충제에는 중탄산과 인산 및 단백질이다. 이들 완충계는 계속되는 산의 생산이나 염기성 물질로 인한 체내 산도의 변화를 막아주는 역할을 한다.

2) 호흡계

체내에서 일어나는 대사에 의해 계속 생산되는 이산화탄소는 혈액내 수분에 녹아 탄산을 형성함으로써 산염기 균형을 산성으로 기울게 한다. 산이 체내에 쌓이면 폐에서 호흡속도가 빨라져 이산화탄소를 더 많이 배출시켜 탄산농도를 줄이고 반대로 염기성 물질이 많이 축적되면 호흡속도를 늦추어 이산화탄소를 보유하여 탄산을 많이 생성시켜 pH를 정상으로 조절한다.

3) 신장의 조절

궁극적인 산 · 염기 평형 조절기관으로 체내에 보유해야 할 이온을 선택해 흡수하고 필요없는 이온은 배설하여 체내 산염기 평형을 조절한다.

4) 산증과 알칼리증

체내에서 건강한 사람의 혈액 pH는 7.35~7.45로 완충계와 폐, 신장의 조절을 통해 일정하게 유지하고 있다. 체액의 pH는 일정하게 유지되어야 하지만 세포내 대사산물로 산성물질이 많이 생성되면 혈액의 pH는 산성으로 기울게 된다. 또한 대사과정에서 알칼리성 물질이 많이 생성되게 되면 체액은 알칼리 쪽으로 기울게 된다. 산, 염기 균형이 깨져 과산증과 과염기증이 발생할 수 있으며, 과산증과 과염기증은 호흡성과 대사성으로 나눌 수 있다.

(1) 호흡성 과산증

만성 폐질환이나 신경계 장애로 인해 폐에서의 이산화탄소 배출이 저하될 때 발생한다. 얕은 숨을 쉬고, 폐렴, 폐기종, 기체 교환의 방해 등의 현상이 나타난다.

(2) 호흡성 과염기증

고산지대, 저산소증 상태나 체온증가상태 등에서 호흡과다로 인해 이산화탄소 배출이 증가할 때 발생한다.

(3) 대사성 과산증

계속되는 설사 등으로 인해 중탄산 이온을 함유한 췌장액 및 장액의 손실이 증가할 때, 과잉 운동으로 인한 젖산의 축적, 또는 기아상태, 혹은 당뇨로 인해 케톤체가 과잉 생성되었을 때 발생한다.

(4) 대사성 과염기증

대사성 염기증은 위의 산성용액이 구토로 인해 손실되거나 제산제 등의 알칼리를 과다 복용하거나 변비, 결장에서 재흡수 되는 중탄산의 증가로 인해 발생한

표 9-2 산 · 염기 평형의 비정상적 변화

	과산증(acidosis)	과염기증(alkalosis)
호흡성 (respiratory)	• 원인: 만성 폐질환 환자, 신경장애로 인한 호흡부진으로 CO_2배출이 잘 안 될 때 발생한다. 예) 얕은 숨, 폐렴, 폐기종, 기체교환의 방해증상	• 원인: 고지대에 올라갔을 때, 저산소증, 체온증가, 호흡중추 자극 약물 섭취로 인해 CO_2배출이 급격히 증가할 때 발생한다.
	• 대처: 신장에서 중탄산(HCO_{3}-) 재흡수를 증가시켜 조절한다.	• 대처: 신장에서 중탄산(HCO_{3}-)배설 또는 재흡수를 감소시킨다.
대사성 (metabolic)	• 원인: 산의 과다섭취, 설사 등에 의한 중탄산이온의 소실, 과잉운동으로 인한 젖산의 축적, 쇼크, 당뇨, 기아, 케토시스, 신경결함으로 인한 H^+배설장애시 발생한다.	• 원인: pH와 중탄산이온의 증가, 위산의 구토로 인한 소실, 제산제의 과복용, 변비, 결장에서의 중탄산염의 재흡수 증가로 인해 발생한다.
	• 대처: 호흡 증가로 체내 CO_2 방출을 증가시켜 조절한다.	• 대처: CO_2의 배설을 감소시켜 조절한다.

다. 신경이 과잉 반응하여 근육에 경련을 일으키고 신경과민, 호흡장애로 사망에 이룰 수 있다.

| 요 | 약 |

수분은 체액의 구성성분이며, 여러 가지 생리 기능을 수행한다. 수분은 신체 구조적 구성성분으로 활동, 체온조절, 윤활유, 체액, 매개물의 수송, 미량 무기질의 급원 그리고 생화학 반응에 관여하는 다양한 기능을 수행한다.

| 주 | 요 | 용 | 어 |

부종(edema) 순환계에서의 흐름이 지연되어 세포간질공간에 체액이 과다하게 축적된 것

세포내액(intracellular fluid) 칼륨과 인이 많은 수분으로 구성된 세포 내의 액체

세포외액(extracellular fluid) 간질액, 혈장, 신체 기관과 물질의 수분요소를 포함하여 세포 밖에 있는 모든 체액

항이뇨호르몬(antidiuretic hormone, ADH) 체액을 줄이고 수분의 배출을 감소시키기 위해 뇌하수체에 의해 분비되는 호르몬; 바소프레신이라고 불린다.

항상성(homeostasis) 유기체 내에서 화학구성물질과 기능의 균형에 의해 생성되는 생리학적 평형상태

| 복 | 습 | 하 | 기 |

1. 체내 수분 조절에 대한 설명으로 맞는 것은?
① 혈압이 상승되면 신장에서 레닌을 분비한다.
② 레닌은 안지오텐신을 안지오텐시노겐으로 활성화시킨다.
③ 알도스테론은 신장에서 수분 배설을 촉진시킨다.
④ 혈액이 심하게 농축되면 항이뇨호르몬(ADH)이 분비된다.

2. 체내 수분의 분포에 대한 설명으로 바른 것은?
① 신체 조직에 따른 수분 비율은 일정하다.
② 근육조직은 지방조직보다 물을 적게 함유한다.
③ 혈관내액과 세포간질액은 세포외액에 속한다.
④ 림프, 척수, 안구액, 소화액은 세포내액에 속한다.

3. 체내 수분 평형에 대한 설명으로 바르지 않은것은?
① 수분섭취는 물, 음식을 섭취하여 얻는다.
② 체내에서 생성되는 대사수 역시 수분의 공급원이다.
③ 신장을 통한 소변은 체내 수분 배출의 유일한 수단이다.
④ 수분필요량은 식사조성, 활동정도 등에 따라 변한다.

4. 체내 수분의 작용으로 바르지 않은것은?
① 산 · 알칼리 평형상태를 유지한다.
② 관절 및 척수의 윤활제, 충격흡수제로 작용한다.
③ 극성을 띄지 않는 중성으로 화학반응에는 참여하지 않는다.
④ 세포간질액은 조직세포와 혈액 사이의 통로작용을 한다.

5. 수분 불균형 상태에 대한 설명으로 가장 바른 것은?

① 정상체중의 1~2%의 수분 손실 시 갈증을 느낀다.
② 체중의 25% 이상의 수분이 손실되면 수분중독증이 일어난다.
③ 혈장단백질 농도의 과도한 증가는 부종을 초래한다.
④ 체내 과도한 나트륨 보유는 삼투압을 저하시킨다.

6. 부종이 일어나는 원인으로 바른 것은?

① 조직간액의 수분이 고갈되기 때문이다.
② 체내 나트륨 고갈로 인한 삼투압 저하에 의해서 발생한다.
③ 혈장 단백질의 모세혈관벽 투과도 상승때문이다.
④ 혈장단백질 저하로 인한 교질삼투압의 저하로 인해서이다.

7. 세포 외액의 주된 양이온과 음이온으로 짝지어진 것은?

① K^+ - HPO_4^{2-}
② Na^+ - Cl^-
③ K^+ - Cl^-
④ Na^+ - HPO_4^{2-}

8. 체액의 산도에 대한 설명으로 바른 것은?

① 체액의 산도는 수소이온(H+)농도로 나타낸다.
② pH가 7.0 정도가 되면 알칼리혈증 상태가 된다.
③ 혈액의 정상적인 pH 범위는 7.3이상 8.0 미만이다.
④ 체내에는 산 · 알칼리 균형유지 기전은 존재하지 않는다.

9. Na^+-K^+ 펌프에 대한 설명으로 바른 것은?

① Na^+을 세포막 외부에서 세포막 내부로 들여보낸다.
② 에너지를 사용하여 작용한다.

③ 전해질 모두를 통과시키는 특정 단백질이다.
④ 삼투압에 의한 단순확산으로 Na^+와 K^+를 이동시킨다.

10. 혈압 저하 시에 신장 세포가 분비하는 효소는?
① 레닌
② 안지오텐시노겐
③ 안지오텐신
④ 알도스테론

정답과 힌트

1. ④

혈액이 심하게 농축되거나 혈액량이나 혈압이 너무 저하되면 시상하부는 뇌하수체를 자극하여 ADH를 분비하게 한다. 혈압이 저하되면 신장은 레닌이라는 효소를 분비한다. 레닌은 혈액 단백질인 안지오텐시노겐을 안지오텐신으로 활성화시킨다. 안지오텐신은 부신에서 알도스테론이라는 호르몬을 분비하게 하고 알도스테론은 신장에서 나트륨의 재흡수를 촉진시켜 신장에서 수분과 나트륨을 보유함으로써 수분을 보유한다.

2. ③

체액은 세포내액과 세포외액으로 이루어지며, 세포외액에는 혈액의 혈장인 혈관내액과 세포 사이에 있는 세포간질액이 있으며 림프, 척수나 관절액, 안구액, 소화액, 소변 등도 세포외액에 속한다. 신체 조직에 따라 수분비율이 달라서 지방조직은 근육조직보다 물을 적게 함유한다.

3. ③

총 1일 수분 배출량 2,350㎖ 중 약 1,300㎖의 물이 신장에서 소변으로 나간다. 폐에서 약 400㎖, 대변으로 150㎖, 피부에서 땀으로 150㎖가 소실된다. 호흡과 피부로부터도 증발을 통해 350㎖를 소실한다.

4. ③

수분은 약하게 극성을 띠고 있기 때문에 영양소의 용매작용을 하면서 세포질의 주요 구성성분이 된다. 또한 탄수화물, 지질, 단백질의 가수분해 등 세포 내에서 일어나는 많은 화학반응에 참여한다.

5. ①

정상체중의 1~2%의 수분손실 시 갈증을 일으키고 수분손실이 체중의 4%에 이르면 근육의 강도와 지구력이 떨어지며, 10~12% 가 손실되면 중증으로 근육경련이나 정신착란 증세를 보인다.

6. ④

부종은 조직간질액에 수분이 저류되어 있는 상태를 말한다. 영양실조에 의해 혈장단백질이 저하되면 단백질에 의한 교질삼투압이 저하되어 혈관내액의 수분이 조직간액으로 누출되며 부종이 나타난다. 나트륨이 과잉 보유되면 삼투압이 상승하는데 삼투압을 저하시키기 위하여 뇌하수체 후엽에서 항이뇨 호르몬이 분비되어 조직간액의 수분이 축적되어 부종이 발생한다.

7. ②

세포외액의 주요 양이온은 Na^+, 주요 음이온은 Cl^-이고, 세포내액의 주요 양이온은 K^+, 음이온은 HPO_4^{2-}이다. 모든 세포내액과 세포외액의 음이온과 양이온의 농도는 평형을 이루어서 이온의 전하량도 평형상태에 있게 된다.

8. ①

체액의 산도(또는 알칼리도)는 수소이온(H^+) 농도로 나타내는데 pH 7.35~7.45의 매우 좁은 범위 내에서 유지됨으로써 세포의 대사가 일어날 수 있게 한다. 혈액의 pH가 7.3 이하일 때는 산독증, 7.55 이상이면 알칼리혈증이라 하는 병적 상태가 된다.

9. ②

Na^+-K^+펌프는 전해질을 선택적으로 통과시키는 특정 단백질로서 농도차에 역행해서 Na^+을 세포막 외부로 내보내고 K^+을 세포막 내부로 들여보내는데 이때 에너지를 사용한다.

10. ①

혈압이 저하되면 신장은 레닌을 분비한다. 레닌은 혈액 단백질인 안지오텐시노겐을 안지오텐신으로 활성화시킨다. 안지오텐신은 부신에서 알도스테론이라는 호르몬을 분비하게 하고 알도스테론은 신장에서 나트륨의 재흡수를 촉진시킴으로써 수분의 저류를 초래한다.

Chapter 10

제 10 장

에너지 대사

학
습
목
표

이 장을 학습함으로써

1. 에너지 대사의 내용에 대해 알 수 있다.
2. 에너지 대사량의 측정원리를 알 수 있다.
3. 1일 에너지 필요량을 구성하는 기초대사량, 식이성 발열효과, 활동대사량에 대해 알 수 있다.

1. 에너지

인체가 생명을 수행하고 생리적 기능을 수행하며 성장발육하고 일을 하고 생활을 하며 삶을 유지하기 위해서는 에너지가 필요하다. 에너지는 기계적, 화학적, 열, 전기적, 빛, 그리고 핵에너지와 같이 여러 가지 형태로 존재한다. 우리 신체에서 음식의 화학적 에너지는 기계적 에너지와 열로 변한다. 우리가 사용하는 에너지의 원천은 햇빛으로 탄수화물, 단백질, 또는 지방 형태의 화학적 에너지를 생산하기 위해 식물에 의해 사용된다. 식물은 저장된 에너지를 가지고 있지만 사람들은 이러한 것을 할 수 있는 능력이 없다. 우리는 먹는 음식물의 화학적 에너지를 몸에서 사용가능한 형태로 바꾸어야 한다.

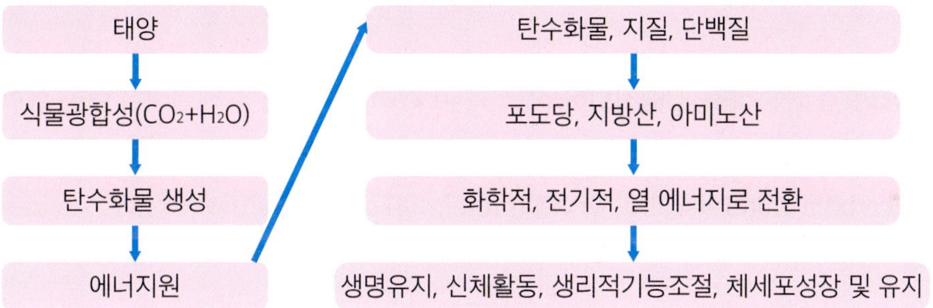

그림 10-1 **에너지의 전환**

(1) 식품의 열량가

음식에서 발생하는 에너지는 킬로칼로리(kcal) 또는 칼로리(cal)로 측정된다. 칼로리는 1그램의 물의 온도를 섭씨 1도 높이는데 필요한 열의 양이다. 음식물이 포함하고 있는 에너지를 측정하기 위해 봄 열량계(bomb calorimeter)를 사용하여 식품에서 발생되는 연소열을 측정한다.

식품으로부터 섭취하는 열량 영양소의 연소열은 탄수화물 4.15Kcal, 지방 9.45kcal, 단백질 5.65 Kcal, 알코올 7.1Kcal이다. 그러나 실제로 체내에서 이용

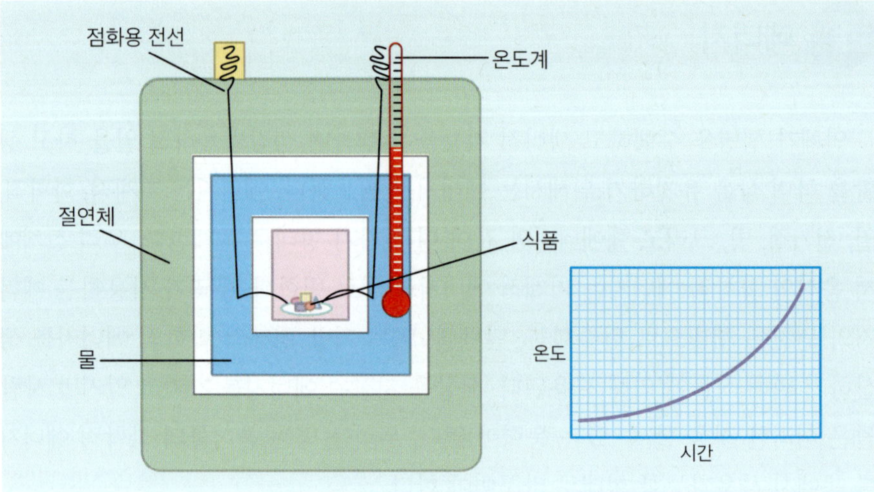

그림 10-2 **봄 열량계**

가능한 에너지는 식품으로 섭취했을 때는 불완전하게 소화 흡수되며 단백질은 일부가 요소로 체외로 배설되어 이 수치보다 낮다. 그러므로 체내에서 열량 영양소가 대사될 때 생성되는 에너지는 소화흡수율, 에너지 손실을 고려하여 탄수화물(carbohydrate) 4kcal/g, 단백질(protein) 4kcal/g, 지방(fat) 9kcal/g, 알코올 7kcal/g이다.

표 10-1 **열량영양소의 에너지가**

에너지 급원	총에너지 kcal/g	소화흡수율 %	에너지 손실 kcal/g	생리적 에너지가
				상용가 kcal/g (총에너지 × 소화흡수율) - 에너지손실
탄수화물	4.15	98	0	4.0
지질	9.45	95	0	9.0
단백질	5.65	92	1.25*	4.0
알코올	7.1	100	0.1**	7.0

* 소변을 통해 요소로 손실되는 에너지 손실
** 호흡으로 발산되는 에너지 손실

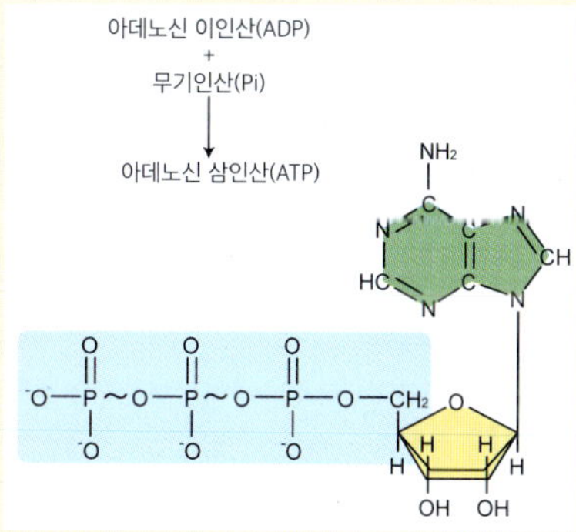

그림 10-3 ATP 구조

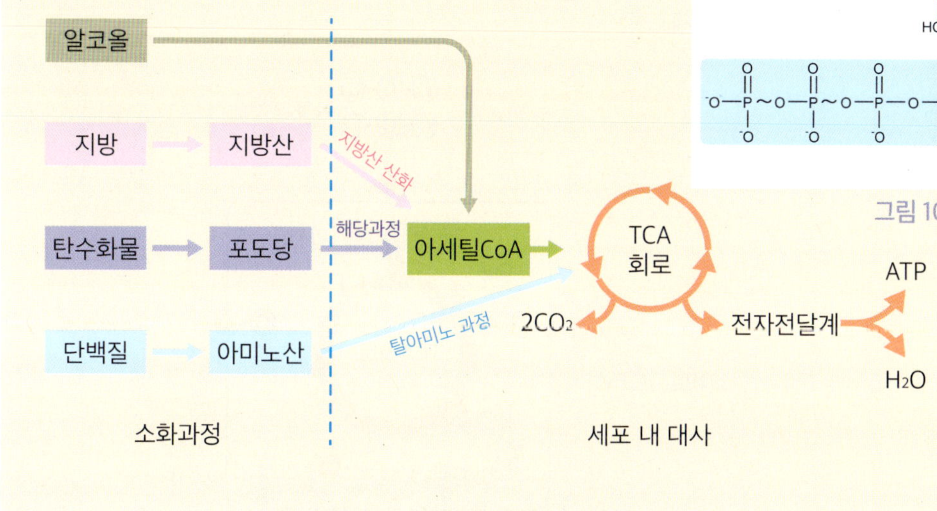

그림 10-4 에너지대사 경로

(2) 에너지 대사 경로

체내에서 탄수화물은 포도당(glucose)으로, 지방은 지방산(fatty acid)과 글리세롤(glycerol)로, 단백질(protein)은 아미노산(amino acid)으로 분해된다. 영양소는 이화작용이 될 때 이산화탄소와 물을 생성하면서 에너지를 발생시킨다. 생성된 에너지는 인체의 모든 과정에 필요한 연료인 아데노신 삼인산(adenosine triphosphate, ATP)으로 만들어지게 된다.

(3) 에너지원으로서의 탄수화물

포도당(glucose)은 에너지를 발생시키고 세 가지 과정을 통해 이산화탄소와 물로 변환된다. 즉, 해당작용(glycolysis), TCA 회로[tricarboxylic acid(TCA) cycle], 그리고 산화적 인산화(oxidative phosphorylation)과정이다.

포도당 분자는 해당작용을 통해서, 피루브산(pyruvic acid)과 ATP를 생산하

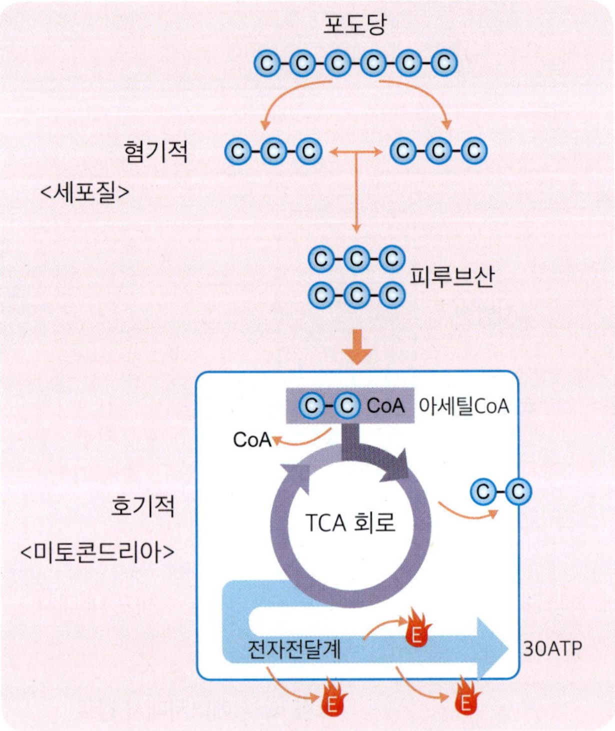

그림 10-5 에너지원으로서의 탄수화물

며 이때 니아신(niacin)과 비타민 B 복합체가 필요하다. 해당작용은 무산소 과정이므로 산소가 필요하지 않다. 무산소 해당작용(anaerobic glycolysis)은 세포의 세포질 안에서 일어나지만, 산소에 의존하는 유산소 해당작용(aerobic glycolysis)은 세포의 미토콘드리아(mitochondria) 안에서 일어난다. 미토콘드리아 안에서 피루브산은 아세틸 CoA를 만드는 조효소 A(CoA)와 반응한다. 에너지 과정은 아세틸CoA가 TCA 회로에 들어가면서 계속되며 이 과정의 반응들은 추가적인 ATP와 이산화탄소의 생성으로 이어진다. 포도당이 에너지로 변하는 마지막 과정은 산화적인산화 과정(oxidative phosphorylation)으로 수소의 발생과 ATP 형태의 추가적인 에너지로 이어진다. 산화(oxidative)는 물을 생성하기 위한 수소와 산소의 결합이며 인산화(phosphorylation)는 ATP를 형성하기 위한 인산염 화학 결합(phosphate bond)이다.

(4) 에너지원으로서의 지방

에너지로 지방을 사용하는 첫 단계는 글리세롤과 3개의 지방산으로 변하는 가수분해(hydrolysis)이다. 글리세롤은 피루브산으로 변하고 에너지로 사용된다. 지방산은 베타 산화(beta-oxidation) 과정에 의해 TCA 회로 들어가는 아세틸 CoA 분자로 분해되어 탄수화물에서 발생하는 과정처럼 진행된다.

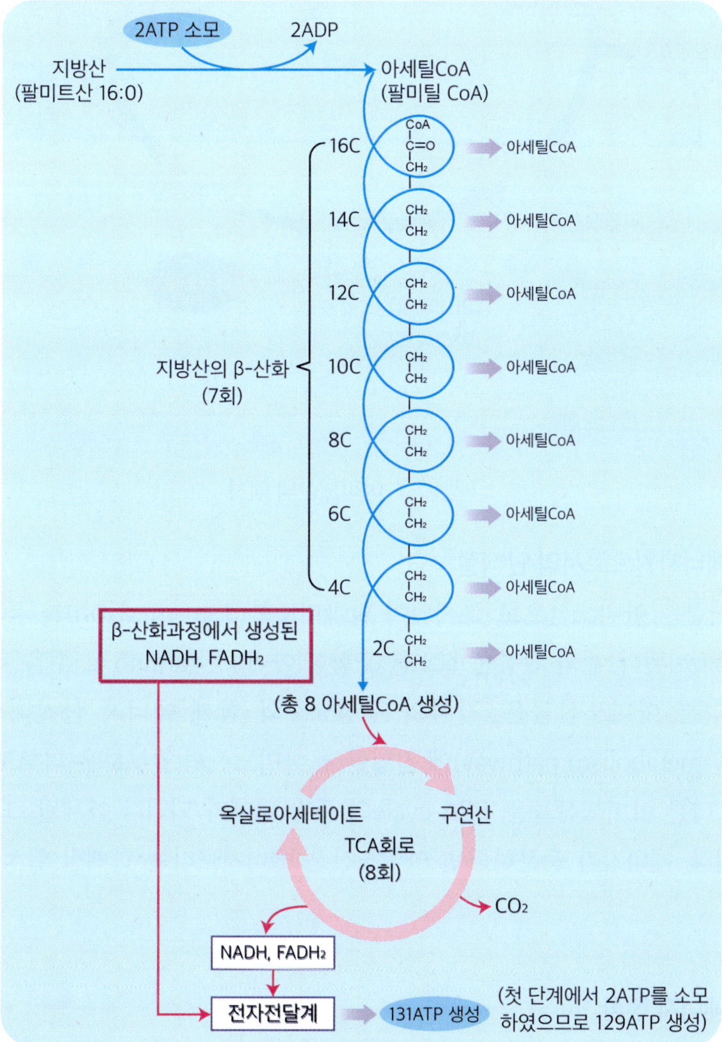

그림 10-6 에너지원으로서의 지방

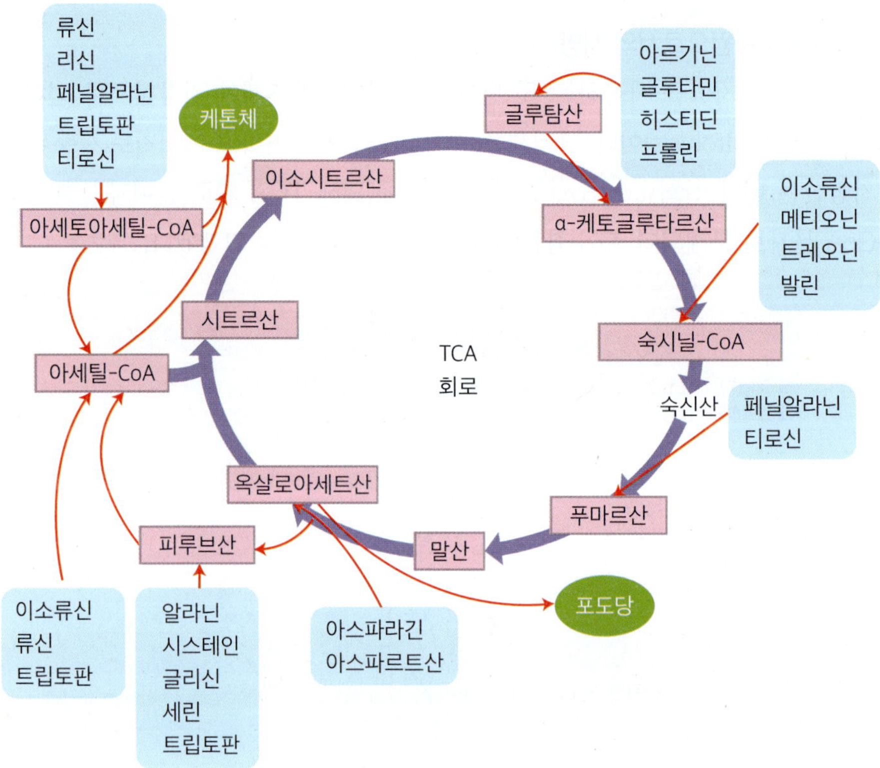

그림 10-7 아미노산의 대사

(5) 에너지원으로서의 단백질

단백질은 아미노산으로 분해되어 탈아미노화(deamination)를 통해 이화(catabolize)된다. 간과 신장은 질소를 포함한 아미노산(amino acid)을 처리하는 반면, 다른 아미노산들은, 각각의 구성요소와 함께 에너지 신진대사 경로(energy metabolism pathway)에 진입한다. 아미노산의 일부분은 피루브산으로 변하고 다른 아미노산들은 TCA cycle의 중간 단계가 되거나 아세틸 그룹의 부분이 된다. 에너지가 충분하다면 아미노산은 에너지보다는 단백질 합성에 이용된다.

(6) 에너지 전환

여분의 에너지는 지방의 형태로 몸에 축적된다. 첫째로는 글리코겐

(glycogen)으로 전환되어 저장되고 지방세포내 체지방(body fat)으로 에너지를 보존하게 된다. 포도당은 뇌에서 사용되어야 하며 중성지방은 글리세롤만이 포도당을 만들어낼 수 있다. 탄수화물이 공급이 부족하여 지방만을 지속적으로 사용하면 케톤(ketones)이 생성되고 체액의 산도가 불균형을 일으킨다. 단백질은 에너지로서의 효율보다는 조직을 구성하고 보수하는 기능에 더 사용된다.

2. 에너지 균형

체중을 유지하기 위해서는 섭취 에너지와 소비 에너지의 양이 같아야 한다. 앉아서 생활하는 사람은 에너지 요구량이 표준보다 더 적게 요구될 수도 있다. 격렬한 시합을 하는 운동선수의 섭취 에너지는 훈련과 시합을 뒷받침할 수 있을 정도이어야 한다. 중증 입원환자나 만성질환자들은 생리적 요구의 변화에 맞게 계산된 에너지 섭취가 필요할 수도 있다.

(1) 일일 에너지 요구량 추정

인체가 필요한 에너지 소비량은 체중 변화가 거의 없는 건강한 사람의 경우 에너지 요구량과 거의 같다. 그러나 환경과 상황에 따라 어떤 사람들은 더 적은 열량을 필요로 하기도 하고 또 어떤 사람들은 더 많은 열량이 요구되기도 한다. 예를 들면 한국인 영양소섭취기준에 의하면20~29세 남자의 하루 평균 에너지 필요추정량은 2,600 kcal이고 동일 연령대의 여성은 2,100 kcal이다. 활동적이거나 몸집이 크거나 작은 경우에는 더 조정이 되어야 한다.

(2) 총에너지 소비량

하루 에너지 필요량은 기초대사량, 신체활동(physical activity)과 식이의 발열효과 등으로 이루어진다.

① 기초대사량

기초대사는 호흡, 혈액순환, 심박동, 호르몬의 분비 등과 같이 생명을 유지하

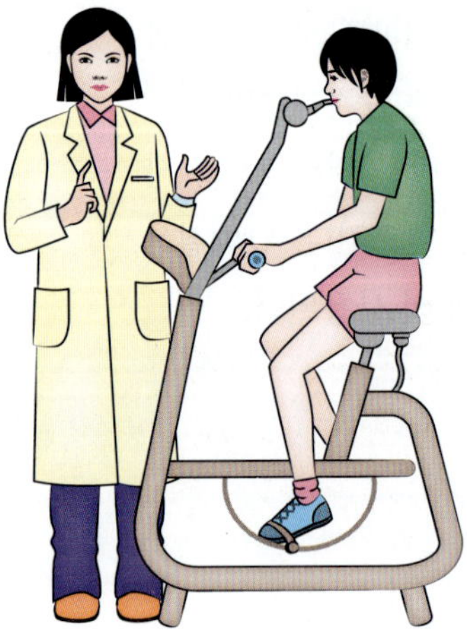

그림 10-8 **간접 열량측정방법**

는데 필요한 최소한의 에너지를 나타낸다. 기초대사량(Basal metabolism rate, BMR)은 생명을 유지시키는 모든 과정들을 유지하는데 신체가 사용하는 에너지의 양이다. 기초대사율은 신체활동을 시작하기 전인 편안한 상태에서 아침 기상 시에 측정한다. 즉, 식후 12~14시간이 지나 식이에 의한 발열효과는 배제된 공복상태에서 측정하는 것이다. 측정방법에는 첫째 직접 챔버(chamber)에서 측정하는 것으로 체내에서 발생된 열들은 대부분의 기초대사를 위해 사용된 에너지를 반영한다.

둘째는 간접열량측정법(indirect calorimetery, calorimeter)을 사용하는 것으로 사람이 기구의 입구에 숨을 불어넣으면서 호흡량과 가스교환을 측정하는 방법으로 산소의 사용과 이산화탄소의 배출로 결정한다. 이를 호흡계수(Respiratory Quotient: RQ)라 한다.

연령, 신체 크기, 성별, 체온, 금식, 스트레스, 생리, 갑상선 기능을 포함한 요소들이 기초대사율에 영향을 미친다. 기초대사율은 신체의 제지방조직의 양에 의해 영향을 받는데 제지방이 많으면 기초대사율이 증가한다. 남자는 여자보다 신체가 크고 제지방조직을 더 가지고 있기 때문에 기초대사율이 높다. 성인의 기초대사율은 연령에 따른 제지방의 감소로 인해 35세 이후부터 서서히 감소한다. 신

$$\text{호흡계수(RQ)} = \frac{\text{생성된 } CO_2\text{량}}{\text{소비된 } O_2\text{량}}$$

$$\text{포도당 : } C_6H_{12}O_6 + 6O_2 \rightarrow 6CO_2 + 6H_2O$$

$$RQ = \frac{6CO_2}{6O_2} = 1$$

그림 10-7. **열량 영양소와 호흡계수**

체적으로 건강한 사람들은 그렇지 않은 사람들보다 기초대사율이 덜 감소할 수 있다. 체력을 유지하면서 근육을 유지시키면 연령의 증가에 따른 제지방의 감소를 늦출 수 있다. 기초대사율은 갑상선 기능에 따라서도 달라진다. 갑상선 호르몬인 티록신은 기초대사율을 조정하므로 티록신이 체내에서 더 많이 생산될수록 기초대사율이 높아진다. 너무 많은 티록신의 생산은 바람직하진 않다.

많은 학자들은 휴식기 에너지 소비(resting energy expenditure, REE)라고 불리는 더 실용적인 측정방법을 선호한다. 휴식기 에너지 소비는 사람이 편안한 상태에서 사용하는 에너지로 정상적인 신체기능과 체내항상성을 유지하는 데 소비되는 것으로 기초대사량에 비해 약 10%정도 높다.

기초대사량 산출은 여러 가지 방법에 의해 계산된다.

첫째로

성인 남자 기초(휴식) 대사량 = 1kal/시간(h)/체중(kg) × 체중(kg) × 24시간
성인 여자 기초(휴식) 대사량 = 0.9kal/시간(h)/체중(kg) × 체중(kg) × 24시간

둘째 해리스-베네딕트 공식에 의한 계산은 아래와 같다.

성인 남자 기초(휴식) 대사량 = 66.5 + [13.8×체중(kg)] + [5×신장(cm)] - (6.8×연령)
성인 여자 기초(휴식) 대사량 = 65.1 + [9.6×체중(kg)] + [1.8×신장(cm)] - (4.7×연령)

한국인 영양소섭취기준에서는 20세 이상 성인의 기초대사량 산출에 아래의 공식을 이용하였다.

성인남자 기초(휴식)대사량=204-(4×연령) + [450.5×신장(m)] + [11.69×체중(kg)]
성인여자 기초(휴식)대사량=255-(2.35×연령) + [361.6×신장(m)] + [9.39×체중(kg)]

② 신체활동

에너지 소비에서 휴식기 에너지 소비나 기초대사율 다음으로 신체활동이 중요하다. 신체활동은 총에너지 필요량의 20~30%로 사람에 따라 많이 다르다. 사용하는 에너지의 양은 활동의 강도와 지속 정도에 달려있다. 걷는 것은 앉는 것

표 10-2 **활동에 따른 에너지 소비량**

활동	에너지 소비량(kcal/kg/시간)
권투	11.4
달리기	7.0
탁구	4.4
스케이팅	3.5
빠르게 걷기	3.4
춤, 왈츠	3.0
자전거타기	2.5
보통속도로 걷기	2.0
세탁	1.3
설거지, 다림질	1.0
운전	0.9
피아노치기, 노래 부르기	0.8
옷 갈아입기	0.7
서있기	0.6
식사, 앉아있기, 글쓰기	0.4

보다 더 많은 에너지를 필요로 하고, 60분 걷는 것은 15분 걷는 것보다 더 많은 에너지를 사용한다. 따라서 적당량의 활동도 오랜 시간 동안 하게 되면 많은 에너지를 사용하게 되는 것이다.

신체 크기는 에너지 소비에 더 많은 영향을 끼친다. 체중이 많이 나가는 사람이 체중이 적은 사람이 하는 것보다 주어진 일을 수행하기 위해 더 많은 에너지를 사용한다.

③ 식이성 발열효과

음식을 소화하고, 흡수하여 대사과정을 수행하고 저장시키는데 필요한 에너지이다. 음식을 먹을 때 신체의 세포들은 활동을 증가시키는데 이때 소비되는 에너지를 식이성 발열효과(thermic effect of food, TEF) 또는 식이유도 열생산(diet-included thermogenesis)이라 한다. 식이성 발열효과는 상대적으로 작으며 총 에너지 필요량의 약 7~10% 정도를 필요로 한다.

그림 10-9 **인체의 에너지 소비**

④ 환경적응을 위한 열생산

적응을 위한 열생산(adaptive thermogenesis)은 신체적, 생물학적 환경 변화에 우리 몸을 적응시키는데 쓰이는 에너지를 말한다. 추위, 열량섭취의 극단적인 변화, 신체적, 정신적 충격에 적응하는데 사용되는 에너지와 질병과 회복과정에 의해 일어나는 추가 요구량을 포함한다. 소비량은 개인에 따라 다르기 때문에 평균 에너지 필요량으로 계산되지 않는다.

(3) 개인 에너지 소비량

어떤 개인이 중등정도의 활동을 하면 기초대사량의 하루 에너지 소비량의 60~70%를 차지하며 활동대사량은 15~30%, 식이에 의한 열효과는 총에너지 섭취량의 10% 정도이다. 활동 에너지대사량은 활동 종류나, 강도, 활동시간, 체중 등에 의해 달라지므로 총 에너지 소비량은 개인간 차이가 크다.

개인의 1일 에너지 소비량은 기초대사량 + 활동대사량 + 식이성 발열효과로 산출할 수 있다.

예를 들어 어떤 성인남자의 1일 에너지 소비량은 아래와 같다.

1일 에너지 소비량 = 기초대사량 + 활동대사량 + 식이성 발열효과

성인남자의 1일 에너지 소비량 계산

- 나이 : 25세
- 체중 : 70kg
- 신장 : 170cm

▶ 하루활동량 :

수면 업무(사무직) 식사 휴식, 기타	7시간 8시간 2시간 2시간	옷 갈아입기 운전 보통속도로 걷기 빠르게 걷기	30분 2시간30분 1시간 1시간

▶ 기초대사량 계산(남자)

1kcal × 70kg × 24시간 = 1,680 kcal

▶ 활동대사량 계산(표 참조)

업무 : 0.4kcal × 70kg × 8시간 = 224kcal
식사, 휴식 및 기타 : 0.4kcal × 70kg × 4시간 = 112kcal
옷갈아입기 : 0.7kcal × 70kg × 0.5시간 = 24.5kcal
운전 : 0.9kcal × 70kg × 2.5시간 = 157.5kcal
보통속도로 걷기 : 2.0kcal × 70kg × 1시간 = 140kcal
빠르게 걷기 : 3.4kcal × 70kg × 1시간 = 238kcal

합계 : 896kcal

▶ 식이성 발열효과 계산

기초대사량 + 활동대사량 = 1,680kcal + 896kcal = 2,576kcal

식이성 발열효과 = 2,576kcal × 10% = 257.6kcal

▶ 1일 총 에너지 소비량 계산

기초대사량 + 활동대사량 + 식이성 발열효과

= 1,680kcal × 896kcal + 257.6kcal = 2,833.6kcal

> 수면시에는 기초대사량의 90% 정도만을 소비하므로, 수면시간을 고려하면 1일 총 에너지 소비량은 2,780kcal가 된다.

| 요 | 약 |

생명을 유지하고 운동과 일을 수행하는데는 에너지가 필요하다. 고에너지인산화합물(ATP)는 체내에서 일어나는 모든 과정들에 필요한 에너지의 연료이다. 우리는 우리가 먹는 음식물의 에너지를 ATP에너지로 바꾼다.

에너지 경로는 두 가지가 있다. 산소에 의존하는 유산소 경로; 산소 없이 기능하는 무산소 경로(anaerobic pathway)이다. 탄수화물은 ATP를 생성하기 위해 무산소 방법으로 사용되는 유일한 연료이다. 낮거나 적당한 강도의 운동을 하는 동안, 근육세포들은 연료로써 주로 지방을 사용한다.

하루에 필요한 총에너지 요구량은 기초대사, 신체적 활동, 그리고 음식을 대사시키기 위한 에너지를 합한 것으로 연령, 성별, 그리고 몸의 크기를 포함한 많은 요소들에 의해 직접·간접적으로 영향을 받는다.

| 주 | 요 | 용 | 어 |

기초대사량(Basal metabolism rate, BMR) 특정 기간 동안 생명 유지 활동을 하기 위해 요구되는 에너지량

무산소 경로(anaerobic pathway) 산소를 요구하지 않는 에너지 생성물의 형태

신체활동(physical activity) 에너지 소모를 유발하는 골격근에 의해 생성되는 신체의 움직임

유산소 경로(aerobic pathway) 산소에 의존하고 지방의 사용을 증가시키는 에너지 생성물의 형태

식이성 발열효과(thermic effect of food, TEF)/식이성 유도 열생산(diet-included thermogenesis) 음식을 소화 흡수할 때 발생하는 열량

적응을 위한 열생산(adaptive thermogenesis) 물리적, 화학적 환경의 변화에 적응하여 신체에 의해 사용되는 에너지(또는 방출되는 열)

해당작용(glycolysis) 포도당이 2분자의 피루브산으로 되는 것

ATP(adenosine triphosphate(ATP)) 신체에서 모든 에너지 요구 과정에 사용되는 고에너지 인산화합물

| 복 | 습 | 하 | 기 |

1. 식품의 g당 생리적 열량가가 맞게 짝지어진 것은?

① 탄수화물 - 4kcal, 단백질 - 5.64kcal
② 알코올 - 7kcal, 지질 - 9kcal
③ 지질 - 5.65kcal, 탄수화물 - 4.5kcal
④ 단백질 - 9.45kcal, 알코올 - 4kcal

2. 식품의 열량가를 바르게 설명한 것은?

① 식품의 열량가는 조리방법에 따라서 변하지 않는다.
② 식품의 연소 열량가는 봄열량계에서 측정하여 g당 kcal로 나타낸다.
③ 식품의 열량가는 수분과 섬유질 함량이 많을수록 높다.
④ 식품의 생리적 열량가는 소화흡수율을 감안하지 않은 양이다.

3. 식품의 에너지에 대한 설명이 바른 것은?

①식품의 에너지는 연소할 때 발생하는 물의 양을 측정해 결정한다.
②식품의 에너지 1kcal는 1g의 물을 1℃ 올리는데 사용되는 에너지의 양이다.
③ 단백질의 생리적 열량가는 4kcal이다.
④ 식품의 열량가는 수분과 섬유소양이 많으면 높다.

4. 에너지 소비량은 개인의 신체크기, 연령 또는 환경에 따라 다르다. 에너지 소비가 더 큰 경우를 바르게 지적한 것은?

① 신체가 작은 사람 < 신체가 큰 사람
② 나이 많은 사람 > 젊은 사람
③ 초가을 날씨 > 추운 겨울 날씨
④ 활동량이 적은 사람 > 활동량이 많은 사람

5. 기초대사량에 영향을 주는 요소에 대한 설명이 바르게 된 것은?

① 체수분과 지방조직이 많은 사람은 기초대사량이 높다.
② 갑상선 기능 저하시 기초대사량은 30%까지 상승한다.
③ 연령이 높을수록 체중 당 기초대사량은 감소한다.
④ 임신은 기초대사량을 감소시킨다.

6. 기초대사량을 저하시키는 요인으로만 된 것은?

① 임신 - 수면
② 영양불량 - 갑상선기능 항진
③ 갑성선기능 저하 - 임신
④ 체지방증가 - 노령

7. 기초대사량에 영향을 주는 요소 중 대사량을 증가시키는 요인들로 된 것은?

① 갑상선 기능 항진, 임신, 체온 증가
② 임신, 갑상선 기능 항진, 수면
③ 임신, 영양불량, 수면
④ 갑상선 기능 저하, 영양불량, 수면

8. 총에너지 필요량을 요인 가산법으로 산출하는 방식은?

① 기초대사량 + 활동대사량 + 수면대사량
② 기초대사량 + 식품의 발열 효과 + 수면대사량
③ 기초대사량 + 활동대사량 + (기초대사량+활동대사량)의 10%
④ 수면대사량 + 활동대사량 + 식이성 발열 효과

정답과 힌트

1. ②

탄수화물, 지방, 단백질, 알코올의 연소열량가는 4.15kcal/g, 9.45kcal/g, 5.65kcal/g, 7.10kcal/g이며, 생리적 열량가는 각각 4.0kcal, 9.0kcal, 4.0kcal, 7.0kcal이다.

2. ②

식품의 열량가는 에너지를 발생하는 영양소인 탄수화물, 지방 및 단백질과 알코올의 함량에 따라 결정된다. 식품의 열량가를 구하는 방법을 통해 특정 식품의 열량이 어떤 에너지 발생 영양소로부터 얼마의 비율로 제공되는지를 알 수 있다. 봄열량계에 의해 측정된 에너지량은 식품의 연소열량가로 시료 g당 kcal로 나타낸다. 생리적 열량가는 연소열량가에 소화 · 흡수율을 적용하고 단백질의 경우는 질소 에너지의 비이용분을 보정해 산출한 값을 말한다.

3. ③

탄수화물, 지방, 단백질의 연소열량가(kcal/g)는 4.15, 9.45, 5.65이며, 생리적 열량가는 4.0, 9.0, 4.0이다. 식품의 열량가는 지방함량이 많고 수분함량이 적은 식품일수록 에너지 밀도가 높아 높아지며, 이는 식품의 조리 또는 가공 중에 변할 수 있다.

4. ①

에너지 소비량은 일반적으로 몸이 작은 사람보다는 큰사람이, 나이가 많은 사람보다는 젊은 사람이, 더운지역에 사는 사람보다는 추운 곳에서 지내는 사람이, 신체 활동량이 적은 사람 보다는 많은 사람이 에너지 소비량이 크다.

5. ③

골격근이 많고 지방조직이 적은 사람일수록 기초대사량이 높다. 부신 호르몬과 갑상선 호르몬은 모두 대사속도를 촉진하는 효과를 나타내며, 연령이 증가할수록 기초대사량은 감소하고, 임신시 기초대사량은 약 20% 증가한다.

6. ④

기초대사량을 저하시키는 요인은 지방조직 증가, 여자, 갑상선기능 저하, 수면, 노령, 영양불량 등이다.

7. ①

기초대사량에 영향을 미치는 인자 중 골격근 증가, 남자, 갑상선기능 항진, 임신중, 사춘기, 극단적인 환경온도, 흡연은 기초대사량을 증가시키는 요인이고, 지방조직 증가, 여자, 갑상선기능 저하, 수면, 노령, 영양불량 등은 기초대사량을 저하시키는 요인이다.

8. ③

총에너지 필요량은 기초대사량, 활동대사량, 식이성 발열효과를 합한 것이다. 이때 식이성 발열효과는 기초대사량과 활동대사량을 더한 값의 10%로 계산해야 한다.

부록

한국인 영양소 섭취기준 요약표 (2015)

한국인 영양소 섭취기준 요약표(2015)

한국인 영양소 섭취기준(2015) - 에너지적정비율

보건복지부, 2015

영양소		에너지적정비율			
		1-2세	3-18세	19세 이상	비고
탄수화물		55-65%	55-65%	55-65%	
단백질		7-20%	7-20%	7-20%	
지질	총지방	20-35%	15-30%	15-30%	
	n-6계 지방산	4-10%	4-10%	4-10%	
	n-3계 지방산	1% 내외	1% 내외	1% 내외	
	포화지방산	-	8% 미만	7% 미만	
	트랜스지방산	-	1% 미만	1% 미만	
	콜레스테롤	-	-	300 mg/일 미만	목표섭취량

한국인 영양소 섭취기준(2015) - 당류

보건복지부, 2015

총당류 섭취량을 총 에너지섭취량의 10-20%로 제한하고, 특히 식품의 조리 및 가공 시 첨가되는 첨가당은 총 에너지섭취량의 10% 이내로 섭취하도록 한다. 첨가당의 주요 급원으로는 설탕, 액상과당, 물엿, 당밀, 꿀, 시럽, 농축과일주스 등이 있다.

한국인 영양소 섭취기준(2015) - 에너지와 다량영양소

보건복지부, 2015

성별	연령	에너지(kcal/일)				탄수화물(g/일)				지방(g/일)				n-6계 지방산(g/일)			
		필요추정량	권장섭취량	충분섭취량	상한섭취량	평균필요량	권장섭취량	충분섭취량	상한섭취량	평균필요량	권장섭취량	충분섭취량	상한섭취량	평균필요량	권장섭취량	충분섭취량	상한섭취량
영아	0-5(개월)	550						60				25				2.0	
	6-11	700						90				25				4.0	
유아	1-2(세)	1,000															
	3-5	1,400															
남자	6-8(세)	1,700															
	9-11	2,100															
	12-14	2,500															
	15-18	2,700															
	19-29	2,600															
	30-49	2,400															
	50-64	2,200															
	65-74	2,000															
	75 이상	2,000															
여자	6-8(세)	1,500															
	9-11	1,800															
	12-14	2,000															
	15-18	2,000															
	19-29	2,100															
	30-49	1,900															
	50-64	1,800															
	65-74	1,600															
	75 이상	1,600															
임신부[1]		+0 +340 +450															
수유부		+320															

성별	연령	n-3계 지방산(g/일)				단백질(g/일)				식이섬유(g/일)				수분(mL/일)				
		평균필요량	권장섭취량	충분섭취량	상한섭취량	평균필요량	권장섭취량	충분섭취량	상한섭취량	평균필요량	권장섭취량	충분섭취량	상한섭취량	평균필요량	권장섭취량	충분섭취량 액체	충분섭취량 총수분	상한섭취량
영아	0-5(개월)			0.3				10								700	700	
	6-11			0.8		10	15									500	800	
유아	1-2(세)					12	15					10				800	1,100	
	3-5					15	20					15				1,100	1,500	
남자	6-8(세)					25	30					20				900	1,800	
	9-11					35	40					20				1,000	2,100	
	12-14					45	55					25				1,000	2,300	
	15-18					50	65					25				1,200	2,600	
	19-29					50	65					25				1,200	2,600	
	30-49					50	60					25				1,200	2,500	
	50-64					50	60					25				1,000	2,200	
	65-74					45	55					25				1,000	2,100	
	75 이상					45	55					25				1,000	2,100	
여자	6-8(세)					20	25					20				900	1,700	
	9-11					30	40					20				900	1,900	
	12-14					40	50					20				900	2,000	
	15-18					40	50					20				900	2,000	
	19-29					45	55					20				1,000	2,100	
	30-49					40	50					20				1,000	2,000	
	50-64					40	50					20				900	1,900	
	65-74					40	45					20				900	1,800	
	75 이상					40	45					20				900	1,800	
임신부[1]						+12 +25	+15 +30					+5					+200	
수유부						+20	+25					+5				+500	+700	

[1] 에너지, 단백질 임신부 1,2,3 분기별 부가량

보건복지부, 2015

성별	연령	메티오닌+시스테인(g/일) 필요추정량	권장섭취량	충분섭취량	상한섭취량	류신(g/일) 평균필요량	권장섭취량	충분섭취량	상한섭취량	이소류신(g/일) 평균필요량	권장섭취량	충분섭취량	상한섭취량	발린(g/일) 평균필요량	권장섭취량	충분섭취량	상한섭취량	라이신(g/일) 평균필요량	권장섭취량	충분섭취량	상한섭취량
영아	0-5(개월)			0.4				1.0				0.6				0.6				0.7	
	6-11	0.3	0.4			0.6	0.8			0.3	0.4			0.3	0.5			0.6	0.8		
유아	1-2(세)	0.3	0.4			0.6	0.8			0.3	0.4			0.4	0.5			0.6	0.7		
	3-5	0.3	0.4			0.7	0.9			0.3	0.4			0.4	0.5			0.6	0.8		
남자	6-8(세)	0.5	0.6			1.1	1.3			0.5	0.6			0.6	0.7			1.0	1.2		
	9-11	0.7	0.8			1.5	1.9			0.7	0.8			0.9	1.1			1.4	1.8		
	12-14	1.0	1.2			2.1	2.6			1.0	1.2			1.2	1.5			2.0	2.4		
	15-18	1.1	1.3			2.4	3.0			1.1	1.3			1.4	1.7			2.2	2.7		
	19-29	1.0	1.3			2.3	3.0			1.0	1.3			1.3	1.6			2.4	3.0		
	30-49	1.0	1.3			2.3	2.9			1.0	1.3			1.3	1.6			2.3	2.9		
	50-64	1.0	1.2			2.2	2.7			1.0	1.2			1.2	1.5			2.2	2.8		
	65-74	0.9	1.2			2.1	2.6			0.9	1.2			1.2	1.5			2.1	2.7		
	75 이상	0.9	1.1			2.0	2.6			0.9	1.1			1.1	1.4			2.1	2.6		
여자	6-8(세)	0.5	0.6			1.0	1.2			0.5	0.6			0.6	0.7			0.9	1.2		
	9-11	0.6	0.7			1.4	1.7			0.6	0.7			0.8	1.0			1.2	1.5		
	12-14	0.8	1.0			1.8	2.3			0.8	1.0			1.1	1.3			1.7	2.1		
	15-18	0.8	1.0			1.9	2.3			0.8	1.0			1.1	1.3			1.7	2.1		
	19-29	0.8	1.1			1.9	2.4			0.8	1.1			1.1	1.3			2.0	2.5		
	30-49	0.8	1.0			1.8	2.3			0.8	1.0			1.0	1.3			1.9	2.4		
	50-64	0.8	1.0			1.8	2.2			0.8	1.0			1.0	1.2			1.8	2.3		
	65-74	0.7	0.9			1.7	2.1			0.7	0.9			0.9	1.2			1.7	2.2		
	75 이상	0.7	0.9			1.6	2.0			0.7	0.9			0.9	1.1			1.6	2.0		
임신부		0.3	0.3			0.6	0.7			0.3	0.3			0.3	0.4			0.3	0.4		
수유부		0.3	0.4			0.9	1.1			0.5	0.6			0.5	0.6			0.4	0.4		

성별	연령	페닐알라닌+티로신(g/일) 필요추정량	권장섭취량	충분섭취량	상한섭취량	트레오닌(g/일) 평균필요량	권장섭취량	충분섭취량	상한섭취량	트립토판(g/일) 평균필요량	권장섭취량	충분섭취량	상한섭취량	히스티딘(g/일) 평균필요량	권장섭취량	충분섭취량	상한섭취량
영아	0-5(개월)			0.9				0.5				0.2				0.1	
	6-11	0.5	0.7			0.3	0.4			0.1	0.1			0.2	0.3		
유아	1-2(세)	0.5	0.7			0.3	0.4			0.1	0.1			0.2	0.3		
	3-5	0.6	0.7			0.3	0.4			0.1	0.1			0.2	0.3		
남자	6-8(세)	0.9	1.1			0.5	0.6			0.1	0.2			0.3	0.4		
	9-11	1.3	1.6			0.7	0.9			0.2	0.2			0.5	0.6		
	12-14	1.7	2.2			1.0	1.3			0.3	0.3			0.7	0.9		
	15-18	2.0	2.4			1.1	1.4			0.3	0.4			0.8	0.9		
	19-29	2.7	3.4			1.1	1.4			0.3	0.3			0.8	1.0		
	30-49	2.7	3.3			1.1	1.3			0.3	0.3			0.7	0.9		
	50-64	2.6	3.2			1.0	1.3			0.3	0.3			0.7	0.9		
	65-74	2.4	3.1			1.0	1.2			0.2	0.3			0.7	0.9		
	75 이상	2.4	3.0			1.0	1.2			0.2	0.3			0.7	0.8		
여자	6-8(세)	0.8	1.0			0.5	0.6			0.1	0.2			0.3	0.4		
	9-11	1.1	1.4			0.6	0.8			0.2	0.2			0.4	0.5		
	12-14	1.5	1.8			0.9	1.1			0.2	0.3			0.6	0.7		
	15-18	1.5	1.9			0.9	1.1			0.2	0.3			0.6	0.7		
	19-29	2.2	2.8			0.9	1.1			0.2	0.3			0.6	0.8		
	30-49	2.2	2.7			0.9	1.1			0.2	0.3			0.6	0.8		
	50-64	2.1	2.6			0.8	1.0			0.2	0.3			0.6	0.7		
	65-74	2.0	2.5			0.8	1.0			0.2	0.2			0.5	0.7		
	75 이상	1.9	2.3			0.7	0.9			0.2	0.2			0.5	0.7		
임신부		0.8	1.0			0.3	0.4			0.1	0.1			0.2	0.2		
수유부		1.5	1.9			0.4	0.6			0.2	0.2			0.2	0.3		

한국인 영양소 섭취기준(2015) - **지용성 비타민**

보건복지부, 2015

성별	연령	비타민 A(μg RE/일)				비타민 D(μg/일)				비타민 E(mg α-TE/일)				비타민 K(μg/일)			
		평균필요량	권장섭취량	충분섭취량	상한섭취량	평균필요량	권장섭취량	충분섭취량	상한섭취량	평균필요량	권장섭취량	충분섭취량	상한섭취량	평균필요량	권장섭취량	충분섭취량	상한섭취량
영아	0-5(개월)			350	600			5	25			3				4	
	6-11			450	600			5	25			4				7	
유아	1-2(세)	200	300		600			5	30			5	200			25	
	3-5	230	350		700			5	35			6	250			30	
남자	6-8(세)	320	450		1,000			5	40			7	300			45	
	9-11	420	600		1,500			5	60			9	400			55	
	12-14	540	750		2,100			10	100			10	400			70	
	15-18	620	850		2,300			10	100			11	500			80	
	19-29	570	800		3,000			10	100			12	540			75	
	30-49	550	750		3,000			10	100			12	540			75	
	50-64	530	750		3,000			10	100			12	540			75	
	65-74	500	700		3,000			15	100			12	540			75	
	75 이상	500	700		3,000			15	100			12	540			75	
여자	6-8(세)	290	400		1,000			5	40			7	300			45	
	9-11	380	550		1,500			5	60			9	400			55	
	12-14	470	650		2,100			10	100			10	400			65	
	15-18	440	600		2,300			10	100			11	500			65	
	19-29	460	650		3,000			10	100			12	540			65	
	30-49	450	650		3,000			10	100			12	540			65	
	50-64	430	600		3,000			10	100			12	540			65	
	65-74	410	550		3,000			15	100			12	540			65	
	75 이상	410	550		3,000			15	100			12	540			65	
임신부		+50	+70		3,000			+0	100			+0	540			+0	
수유부		+350	+490		3,000			+0	100			+3	540			+0	

한국인 영양소 섭취기준(2015) - **수용성 비타민**

보건복지부, 2015

성별	연령	비타민 C(mg/일)				티아민(mg/일)				리보플라빈(mg/일)				니아신(mg NE/일)[1]				
		평균필요량	권장섭취량	충분섭취량	상한섭취량	평균필요량	권장섭취량	충분섭취량	상한섭취량	평균필요량	권장섭취량	충분섭취량	상한섭취량	평균필요량	권장섭취량	충분섭취량	상한섭취량[2]	상한섭취량[2]
영아	0-5(개월)			35				0.2				0.3				2		
	6-11			45				0.3				0.4				3		
유아	1-2(세)	30	35		350	0.4	0.5			0.5	0.5			4	6		10	180
	3-5	30	40		500	0.4	0.5			0.5	0.6			5	7		10	250
남자	6-8(세)	40	55		700	0.6	0.7			0.7	0.9			7	9		15	350
	9-11	55	70		1,000	0.7	0.9			1.0	1.2			9	12		20	500
	12-14	70	90		1,400	1.0	1.1			1.2	1.5			11	15		25	700
	15-18	80	105		1,500	1.1	1.3			1.4	1.7			13	17		30	800
	19-29	75	100		2,000	1.0	1.2			1.3	1.5			12	16		35	1,000
	30-49	75	100		2,000	1.0	1.2			1.3	1.5			12	16		35	1,000
	50-64	75	100		2,000	1.0	1.2			1.3	1.5			12	16		35	1,000
	65-74	75	100		2,000	1.0	1.2			1.3	1.5			12	16		35	1,000
	75 이상	75	100		2,000	1.0	1.2			1.3	1.5			12	16		35	1,000
여자	6-8(세)	45	60		700	0.6	0.7			0.6	0.8			7	9		15	350
	9-11	60	80		1,000	0.7	0.9			0.8	1.0			9	12		20	500
	12-14	75	100		1,400	0.9	1.1			1.0	1.2			11	15		25	700
	15-18	70	95		1,500	1.0	1.2			1.0	1.2			11	14		30	800
	19-29	75	100		2,000	0.9	1.1			1.0	1.2			11	14		35	1,000
	30-49	75	100		2,000	0.9	1.1			1.0	1.2			11	14		35	1,000
	50-64	75	100		2,000	0.9	1.1			1.0	1.2			11	14		35	1,000
	65-74	75	100		2,000	0.9	1.1			1.0	1.2			11	14		35	1,000
	75 이상	75	100		2,000	0.9	1.1			1.0	1.2			11	14		35	1,000
임신부		+10	+10		2,000	+0.4	+0.4			+0.3	+0.4			+3	+4		35	1,000
수유부		+35	+40		2,000	+0.3	+0.4			+0.4	+0.5			+2	+3		35	1,000

성별	연령	비타민 B_6(mg/일)				엽산(μg DFE/일)[3]				비타민 B_{12}(μg/일)				판토텐산(mg/일)				비오틴(μg/일)			
		평균필요량	권장섭취량	충분섭취량	상한섭취량	평균필요량	권장섭취량	충분섭취량	상한섭취량	평균필요량	권장섭취량	충분섭취량	상한섭취량	평균필요량	권장섭취량	충분섭취량	상한섭취량	평균필요량	권장섭취량	충분섭취량	상한섭취량
영아	0-5(개월)			0.1				65				0.3				1.7				5	
	6-11			0.3				80				0.5				1.9				7	
유아	1-2(세)	0.5	0.6		25	120	150		300	0.8	0.9					2				9	
	3-5	0.6	0.7		35	150	180		400	0.9	1.1					2				11	
남자	6-8(세)	0.7	0.9		45	180	220		500	1.1	1.3					3				15	
	9-11	0.9	1.1		55	250	300		600	1.5	1.7					4				20	
	12-14	1.3	1.5		60	300	360		800	1.9	2.3					5				25	
	15-18	1.3	1.5		65	320	400		900	2.2	2.7					5				30	
	19-29	1.3	1.5		100	320	400		1,000	2.0	2.4					5				30	
	30-49	1.3	1.5		100	320	400		1,000	2.0	2.4					5				30	
	50-64	1.3	1.5		100	320	400		1,000	2.0	2.4					5				30	
	65-74	1.3	1.5		100	320	400		1,000	2.0	2.4					5				30	
	75 이상	1.3	1.5		100	320	400		1,000	2.0	2.4					5				30	
여자	6-8(세)	0.7	0.9		45	180	220		500	1.1	1.3					3				15	
	9-11	0.9	1.1		55	250	300		600	1.5	1.7					4				20	
	12-14	1.2	1.4		60	300	360		800	1.9	2.3					5				25	
	15-18	1.2	1.4		65	320	400		900	2.0	2.4					5				30	
	19-29	1.2	1.4		100	320	400		1,000	2.0	2.4					5				30	
	30-49	1.2	1.4		100	320	400		1,000	2.0	2.4					5				30	
	50-64	1.2	1.4		100	320	400		1,000	2.0	2.4					5				30	
	65-74	1.2	1.4		100	320	400		1,000	2.0	2.4					5				30	
	75 이상	1.2	1.4		100	320	400		1,000	2.0	2.4					5				30	
임신부		+0.7	+0.8		100	+200	+220		1,000	+0.2	+0.2					+1				+0	
수유부		+0.7	+0.8		100	+130	+150		1,000	+0.3	+0.4					+2				+5	

[1] 1 mg NE(니아신 당량) = 1 mg 니아신 = 60 mg 트립토판 [2] 니코틴산/니코틴아미드 [3] Dietary Folate Equivalents, 가임기 여성의 경우 400 μg/일의 엽산보충제 섭취를 권장함, 엽산의 상한섭취량은 보충제 또는 강화식품의 형태로 섭취한 μg/일에 해당됨.

한국인 영양소 섭취기준(2015) - 다량 무기질

보건복지부, 2015

성별	연령	칼슘(mg/일)				인(mg/일)				나트륨(mg/일)				
		평균 필요량	권장 섭취량	충분 섭취량	상한 섭취량	평균 필요량	권장 섭취량	충분 섭취량	상한 섭취량	평균 필요량	권장 섭취량	충분 섭취량	상한 섭취량	목표 섭취량
영아	0-5(개월)			210	1,000			100				120		
	6-11			300	1,500			300				370		
유아	1-2(세)	390	500		2,500	380	450		3,000			900		
	3-5	470	600		2,500	460	550		3,000			1,000		
남자	6-8(세)	580	700		2,500	490	600		3,000			1,200		
	9-11	650	800		3,000	1,000	1,200		3,500			1,400		2,000
	12-14	800	1,000		3,000	1,000	1,200		3,500			1,500		2,000
	15-19	720	900		3,000	1,000	1,200		3,500			1,500		2,000
	20-29	650	800		2,500	580	700		3,500			1,500		2,000
	30-49	630	800		2,500	580	700		3,500			1,500		2,000
	50-64	600	750		2,000	580	700		3,500			1,500		2,000
	65-74	570	700		2,000	580	700		3,500			1,300		2,000
	75 이상	570	700		2,000	580	700		3,000			1,100		2,000
여자	6-8(세)	580	700		2,500	450	550		3,000			1,200		
	9-11	650	800		3,000	1,000	1,200		3,500			1,400		2,000
	12-14	740	900		3,000	1,000	1,200		3,500			1,500		2,000
	15-19	660	800		3,000	1,000	1,200		3,500			1,500		2,000
	20-29	530	700		2,500	580	700		3,500			1,500		2,000
	30-49	510	700		2,500	580	700		3,500			1,500		2,000
	50-64	580	800		2,000	580	700		3,500			1,500		2,000
	65-74	560	800		2,000	580	700		3,500			1,300		2,000
	75 이상	560	800		2,000	580	700		3,000			1,100		2,000
임신부		+0	+0		2,500	+0	+0		3,000			1,500		2,000
수유부		+0	+0		2,500	+0	+0		3,500			1,500		2,000

성별	연령	염소(mg/일)				칼륨(mg/일)				마그네슘(mg/일)			
		평균 필요량	권장 섭취량	충분 섭취량	상한 섭취량	평균 필요량	권장 섭취량	충분 섭취량	상한 섭취량	평균 필요량	권장 섭취량	충분 섭취량	상한 섭취량[1]
영아	0-5(개월)			180				400				30	
	6-11			560				700				55	
유아	1-2(세)			1,300				2,000		65	80		65
	3-5			1,500				2,300		85	100		90
남자	6-8(세)			1,900				2,600		135	160		130
	9-11			2,100				3,000		190	230		180
	12-14			2,300				3,500		265	320		250
	15-18			2,300				3,500		335	400		350
	19-29			2,300				3,500		295	350		350
	30-49			2,300				3,500		305	370		350
	50-64			2,300				3,500		305	370		350
	65-74			2,000				3,500		305	370		350
	75 이상			1,700				3,500		305	370		350
여자	6-8(세)			1,900				2,600		125	150		130
	9-11			2,100				3,000		180	210		180
	12-14			2,300				3,500		245	290		250
	15-18			2,300				3,500		285	340		350
	19-29			2,300				3,500		235	280		350
	30-49			2,300				3,500		235	280		350
	50-64			2,300				3,500		235	280		350
	65-74			2,000				3,500		235	280		350
	75 이상			1,700				3,500		235	280		350
임신부				2,300				+0		+32	+40		350
수유부				2,300				+400		+0	+0		350

[1] 식품외 급원의 마그네슘에만 해당

한국인 영양소 섭취기준(2015) - 미량 무기질

보건복지부, 2015

성별	연령	철(mg/일)				아연(mg/일)				구리(μg/일)				불소(mg/일)			
		평균 필요량	권장 섭취량	충분 섭취량	상한 섭취량	평균 필요량	권장 섭취량	충분 섭취량	상한 섭취량	평균 필요량	권장 섭취량	충분 섭취량	상한 섭취량	평균 필요량	권장 섭취량	충분 섭취량	상한 섭취량
영아	0-5(개월)			0.3	40			2				240				0.01	0.6
	6-11	5	6		40	2	3					310				0.5	0.9
유아	1-2(세)	4	6		40	2	3		6	220	280		1,500			0.6	1.2
	3-5	5	6		40	3	4		9	250	320		2,000			0.8	1.7
남자	6-8(세)	7	9		40	5	6		13	340	440		3,000			1.0	2.5
	9-11	8	10		40	7	8		20	440	580		5,000			2.0	10.0
	12-14	11	14		40	7	8		30	570	740		7,000			2.5	10.0
	15-18	11	14		45	8	10		35	650	840		7,000			3.0	10.0
	19-29	8	10		45	8	10		35	600	800		10,000			3.5	10.0
	30-49	8	10		45	8	10		35	600	800		10,000			3.0	10.0
	50-64	7	10		45	8	9		35	600	800		10,000			3.0	10.0
	65-74	7	9		45	7	9		35	600	800		10,000			3.0	10.0
	75 이상	7	9		45	7	9		35	600	800		10,000			3.0	10.0
여자	6-8(세)	6	8		40	4	5		13	340	440		3,000			1.0	2.5
	9-11	7	10		40	6	8		20	440	580		5,000			2.0	10.0
	12-14	13	16		40	6	8		25	570	740		7,000			2.5	10.0
	15-18	11	14		45	7	9		30	650	840		7,000			2.5	10.0
	19-29	11	14		45	7	8		35	600	800		10,000			3.0	10.0
	30-49	11	14		45	7	8		35	600	800		10,000			2.5	10.0
	50-64	6	8		45	6	7		35	600	800		10,000			2.5	10.0
	65-74	6	8		45	6	7		35	600	800		10,000			2.5	10.0
	75 이상	5	7		45	6	7		35	600	800		10,000			2.5	10.0
임신부		+8	+10		45	+2.0	+2.5		35	+100	+130		10,000			+0	10.0
수유부		+0	+0		45	+4.0	+5.0		35	+370	+480		10,000			+0	10.0

성별	연령	망간(mg/일)				요오드(μg/일)				셀레늄(μg/일)				몰리브덴(μg/일)				크롬(μg/일)			
		필요 추정량	권장 섭취량	충분 섭취량	상한 섭취량	평균 필요량	권장 섭취량	충분 섭취량	상한 섭취량	평균 필요량	권장 섭취량	충분 섭취량	상한 섭취량	평균 필요량	권장 섭취량	충분 섭취량	상한 섭취량	평균 필요량	권장 섭취량	충분 섭취량	상한 섭취량
영아	0-5(개월)			0.01				130	250			9	45							0.2	
	6-11			0.8				170	250			11	65							5.0	
유아	1-2(세)			1.5	2.0	55	80		300	19	23		75				100			12	
	3-5			2.0	3.0	65	90		300	22	25		100				100			12	
남자	6-8(세)			2.5	4.0	75	100		500	30	35		150				200			20	
	9-11			3.0	5.0	85	110		500	39	45		200				300			25	
	12-14			4.0	7.0	90	130		1,800	49	60		300				400			35	
	15-18			4.0	9.0	95	130		2,200	55	65		300				500			40	
	19-29			4.0	11.0	95	150		2,400	50	60		400	25	30		550			35	
	30-49			4.0	11.0	95	150		2,400	50	60		400	20	25		550			35	
	50-64			4.0	11.0	95	150		2,400	50	60		400	20	25		550			35	
	65-74			4.0	11.0	95	150		2,400	50	60		400	20	25		550			35	
	75 이상			4.0	11.0	95	150		2,400	50	60		400	20	25		550			35	
여자	6-8(세)			2.5	4.0	75	100		500	30	35		150				200			15	
	9-11			3.0	5.0	85	110		500	39	45		200				300			20	
	12-14			3.5	7.0	90	130		2,000	49	60		300				400			25	
	15-18			3.5	9.0	95	130		2,200	55	65		300				400			25	
	19-29			3.5	11.0	95	150		2,400	50	60		400	20	25		450			25	
	30-49			3.5	11.0	95	150		2,400	50	60		400	20	25		450			25	
	50-64			3.5	11.0	95	150		2,400	50	60		400	20	25		450			25	
	65-74			3.5	11.0	95	150		2,400	50	60		400	20	25		450			25	
	75 이상			3.5	11.0	95	150		2,400	50	60		400	20	25		450			25	
임신부				+0	11.0	+65	+90			+3	+4		400				450			+5	
수유부				+0	11.0	+130	+190			+9	+10		400				450			+20	

| 참 | 고 | 문 | 헌 |

- 김대진 외 영양과 건강, 유한문화사, 2000
- 김대진 외 생활속의 영양학, 라이프사이언스, 2005
- 김미경 외 편역 생활속의 영양학, 라이프사이언스 2005
- 김선효 외 5인 식생활과 건강. 파워북. 2013.
- 김세나 외 8인 식품영양가표- 제 2개정판. 교문사. 2012.
- 김숙희 외 기초영양학 신광출판사 2004
- 김해남 기초피부미용학 정담미디어 2013
- 김화영 외 3인 영양판정 2판. 교문사 2016.
- 김화영 외 13인 영양 그리고 건강 제 3판. 교문사 2012.
- 농촌진흥청. 2011 표준식품 성분표 제 8개정판. 2012.
- 대한비만학회 비만치료지침 2015
- 백형환 대표역자 리핀코트의 그림으로 보는 생화학 제4판 도서출판 신일북스 2009
- 변기원 외 4인 고급영양학. 교문사. 2016.
- 보건복지부 한국영양학회 2015년 한국인 영양소 섭취기준. 2015
- 안홍석, 홍란희, 김명숙, 김문주, 최성임, 강신옥 미용건강학. 파워북 2007
- 여상미 미용학개론 교문사 2013
- 이명천 외 7인 운동영양학 8판 라이프사이언스. 2008
- 이순례, 심은경, 이성, 김경미, 김현서 미용피부학 정담미디어 2016
- 이주희 외 5인 대사를 중심으로 한 생화학. 교문사. 2013
- 장남수 외 8인 여성과 맞춤영양. 교문사. 2011.
- 장유경, 박혜련, 변기원, 이보경, 권종숙 기초영양학 2017
- 전미순, 최혜정, 유승미, 김희영 외 공중보건학 정담미디어 2016
- 질병관리본부 국민건강영양조사 2014
- 표영희, 박은경, 한영숙, 장미혜, 김주연, 김인숙, 김혜남 메디컬 스킨케어. 파워북 2007
- 한국영양학회, 한국인 영양소섭취기준, 2015.
- 한국해부생리학교수협의회 생리학 정담미디어 2017

- 한정순 외 3인 현대인의 식생활과 건강 제2개정판 2016 지구문화
- Leslie Baumann Cosmetic dermatology 2nd. McGrow Hill 2009
- Michele Grodner, Sylvia Escott-Stump, Suzanne Dorner Nutritional foundations and clinical applications 6ed. Elsevier 2016
- DeBruyne / Pinna / Whithney, "Nutrition and Diet Therapy", 7th ed Thomson. 2007.
- Michelle McGuire, Kathy A Beerman National sciences from fundamentals to food. 3rd edition Wadsworth. 2013.
- Dale B. Hahn, Wayne A. Payne, Ellen B. Mauer Focus on health 11th edition McGraw Hill 2013
- Michele Grodner, Sara Long Roth, Bonnie C. Walkingshaw Nutritional foundations and clinical applications A nursing approach 5th edition Elsevier. 2007
- Pamela C. Champe, Richard A. Harvey Lippincott's illustrated reviews Biochemistry 4th edition. the Point 2008.
- Robert D Lee. Nutritional assessment 5ed McGraw-Hill. 2010
- Schiff. Nutrition for healthy living. MGH. 2009.
- http://health.mw.go.kr 국가건강정보포털, 보건복지부

| 찾 | 아 | 보 | 기 | (국문)

ㄱ

ㄴ

ㄷ

ㅇ

ㅈ

ㅎ

| 찾 | 아 | 보 | 기 |(영문)

a

b

c

m

n

o

p

X

Z

memo

memo

memo

memo

| 저 | 자 | 소 | 개 |

한정순
서울교육대학교 평생교육원 독학사칼리지

2020 한국인 영양소 섭취기준 요약표

2020 한국인 영양소 섭취기준 – 에너지적정비율

보건복지부, 2020

성별	연령	에너지적정비율(%)				
		탄수화물	단백질	지질[1]		
				지방	포화지방산	트랜스지방산
영아	0-5(개월)		–	–	–	–
	6-11	–	–	–	–	–
유아	1-2(세)	55-65	7-20	20-35	–	–
	3-5	55-65	7-20	15-30	8 미만	1 미만
남자	6-8(세)	55-65	7-20	15-30	8 미만	1 미만
	9-11	55-65	7-20	15-30	8 미만	1 미만
	12-14	55-65	7-20	15-30	8 미만	1 미만
	15-18	55-65	7-20	15-30	8 미만	1 미만
	19-29	55-65	7-20	15-30	7 미만	1 미만
	30-49	55-65	7-20	15-30	7 미만	1 미만
	50-64	55-65	7-20	15-30	7 미만	1 미만
	65-74	55-65	7-20	15-30	7 미만	1 미만
	75 이상	55-65	7-20	15-30	7 미만	1 미만
여자	6-8(세)	55-65	7-20	15-30	8 미만	1 미만
	9-11	55-65	7-20	15-30	8 미만	1 미만
	12-14	55-65	7-20	15-30	8 미만	1 미만
	15-18	55-65	7-20	15-30	8 미만	1 미만
	19-29	55-65	7-20	15-30	7 미만	1 미만
	30-49	55-65	7-20	15-30	7 미만	1 미만
	50-64	55-65	7-20	15-30	7 미만	1 미만
	65-74	55-65	7-20	15-30	7 미만	1 미만
	75 이상	55-65	7-20	15-30	7 미만	1 미만
임신부		55-65	7-20	15-30		
수유부		55-65	7-20	15-30		

[1] 콜레스테롤: 19세 이상 300 mg/일 미만 권고

2020 한국인 영양소 섭취기준 – 당류

보건복지부, 2020

총당류 섭취량을 총 에너지섭취량의 10-20%로 제한하고, 특히 식품의 조리 및 가공 시 첨가되는 첨가당은 총 에너지 섭취량의 10% 이내로 섭취하도록 한다. 첨가당의 주요 급원으로는 설탕, 액상과당, 물엿, 당밀, 꿀, 시럽, 농축과일주스 등이 있다.

2020 한국인 영양소 섭취기준 – 에너지와 다량영양소

보건복지부, 2020

성별	연령	에너지(kcal/일)				탄수화물(g/일)				식이섬유(g/일)			
		필요 추정량	권장 섭취량	충분 섭취량	상한 섭취량	평균 필요량	권장 섭취량	충분 섭취량	상한 섭취량	평균 필요량	권장 섭취량	충분 섭취량	상한 섭취량
영아	0-5(개월)	500						60					
	6-11	600						90					
유아	1-2(세)	900				100	130					15	
	3-5	1,400				100	130					20	
남자	6-8(세)	1,700				100	130					25	
	9-11	2,000				100	130					25	
	12-14	2,500				100	130					30	
	15-18	2,700				100	130					30	
	19-29	2,600				100	130					30	
	30-49	2,500				100	130					30	
	50-64	2,200				100	130					30	
	65-74	2,000				100	130					25	
	75 이상	1,900				100	130					25	
여자	6-8(세)	1,500				100	130					20	
	9-11	1,800				100	130					25	
	12-14	2,000				100	130					25	
	15-18	2,000				100	130					25	
	19-29	2,000				100	130					20	
	30-49	1,900				100	130					20	
	50-64	1,700				100	130					20	
	65-74	1,600				100	130					20	
	75 이상	1,500				100	130					20	
임신부[1]		+0 +340 +450				+35	+45					+5	
수유부		+340				+60	+80					+5	

성별	연령	지방(g/일)				리놀레산(g/일)				알파-리놀렌산(g/일)				EPA+DHA(mg/일)			
		평균 필요량	권장 섭취량	충분 섭취량	상한 섭취량	평균 필요량	권장 섭취량	충분 섭취량	상한 섭취량	평균 필요량	권장 섭취량	충분 섭취량	상한 섭취량	평균 필요량	권장 섭취량	충분 섭취량	상한 섭취량
영아	0-5(개월)			25				5.0				0.6				200[2]	
	6-11			25				7.0				0.8				300[2]	
유아	1-2(세)							4.5				0.6					
	3-5							7.0				0.9					
남자	6-8(세)							9.0				1.1				200	
	9-11							9.5				1.3				220	
	12-14							12.0				1.5				230	
	15-18							14.0				1.7				230	
	19-29							13.0				1.6				210	
	30-49							11.5				1.4				400	
	50-64							9.0				1.4				500	
	65-74							7.0				1.2				310	
	75 이상							5.0				0.9				280	
여자	6-8(세)							7.0				0.8				200	
	9-11							9.0				1.1				150	
	12-14							9.0				1.2				210	
	15-18							10.0				1.1				100	
	19-29							10.0				1.2				150	
	30-49							8.5				1.2				260	
	50-64							7.0				1.2				240	
	65-74							4.5				1.0				150	
	75 이상							3.0				0.4				140	
임신부								+0				+0				+0	
수유부								+0				+0				+0	

1) 1,2,3 분기별 부가량

2) DHA

보건복지부, 2020

성별	연령	단백질(g/일)				메티오닌(g/일)				류신(g/일)			
		평균 필요량	권장 섭취량	충분 섭취량	상한 섭취량	평균 필요량	권장 섭취량	충분 섭취량	상한 섭취량	평균 필요량	권장 섭취량	충분 섭취량	상한 섭취량
영아	0-5(개월)			10				0.4				1.0	
	6-11	12	15			0.3	0.4			0.6	0.8		
유아	1-2(세)	15	20			0.3	0.4			0.6	0.8		
	3-5	20	25			0.3	0.4			0.7	1.0		
남자	6-8(세)	30	35			0.5	0.6			1.1	1.3		
	9-11	40	50			0.7	0.8			1.5	1.9		
	12-14	50	60			1.0	1.2			2.2	2.7		
	15-18	55	65			1.2	1.4			2.6	3.2		
	19-29	50	65			1.0	1.4			2.4	3.1		
	30-49	50	65			1.1	1.3			2.4	3.1		
	50-64	50	60			1.1	1.3			2.3	2.8		
	65-74	50	60			1.0	1.3			2.2	2.8		
	75 이상	50	60			0.9	1.1			2.1	2.7		
여자	6-8(세)	30	35			0.5	0.6			1.0	1.3		
	9-11	40	45			0.6	0.7			1.5	1.8		
	12-14	45	55			0.8	1.0			1.9	2.4		
	15-18	45	55			0.8	1.1			2.0	2.4		
	19-29	45	55			0.8	1.0			2.0	2.5		
	30-49	40	50			0.8	1.0			1.9	2.4		
	50-64	40	50			0.8	1.1			1.9	2.3		
	65-74	40	50			0.7	0.9			1.8	2.2		
	75 이상	40	50			0.7	0.9			1.7	2.1		
임신부[1]		+12 +25	+15 +30			1.1	1.4			2.5	3.1		
수유부		+20	+25			1.1	1.5			2.8	3.5		

성별	연령	이소류신(g/일)				발린(g/일)				라이신(g/일)			
		평균 필요량	권장 섭취량	충분 섭취량	상한 섭취량	평균 필요량	권장 섭취량	충분 섭취량	상한 섭취량	평균 필요량	권장 섭취량	충분 섭취량	상한 섭취량
영아	0-5(개월)			0.6				0.6				0.7	
	6-11	0.3	0.4			0.3	0.5			0.6	0.8		
유아	1-2(세)	0.3	0.4			0.4	0.5			0.6	0.7		
	3-5	0.3	0.4			0.4	0.5			0.6	0.8		
남자	6-8(세)	0.5	0.6			0.6	0.7			1.0	1.2		
	9-11	0.7	0.8			0.9	1.1			1.4	1.8		
	12-14	1.0	1.2			1.2	1.6			2.1	2.5		
	15-18	1.2	1.4			1.5	1.8			2.3	2.9		
	19-29	1.0	1.4			1.4	1.7			2.5	3.1		
	30-49	1.1	1.4			1.4	1.7			2.4	3.1		
	50-64	1.1	1.3			1.3	1.6			2.3	2.9		
	65-74	1.0	1.3			1.3	1.6			2.2	2.9		
	75 이상	0.9	1.1			1.1	1.5			2.2	2.7		
여자	6-8(세)	0.5	0.6			0.6	0.7			0.9	1.3		
	9-11	0.6	0.7			0.9	1.1			1.3	1.6		
	12-14	0.8	1.0			1.2	1.4			1.8	2.2		
	15-18	0.8	1.1			1.2	1.4			1.8	2.2		
	19-29	0.8	1.1			1.1	1.3			2.1	2.6		
	30-49	0.8	1.0			1.0	1.4			2.0	2.5		
	50-64	0.8	1.1			1.1	1.3			1.9	2.4		
	65-74	0.7	0.9			0.9	1.3			1.8	2.3		
	75 이상	0.7	0.9			0.9	1.1			1.7	2.1		
임신부		1.1	1.4			1.4	1.7			2.3	2.9		
수유부		1.3	1.7			1.6	1.9			2.5	3.1		

[1] 2,3 분기별 부가량

보건복지부, 2020

성별	연령	페닐알라닌+티로신(g/일)				트레오닌(g/일)				트립토판(g/일)			
		평균 필요량	권장 섭취량	충분 섭취량	상한 섭취량	평균 필요량	권장 섭취량	충분 섭취량	상한 섭취량	평균 필요량	권장 섭취량	충분 섭취량	상한 섭취량
영아	0-5(개월)			0.9				0.5				0.2	
	6-11	0.5	0.7			0.3	0.4			0.1	0.1		
유아	1-2(세)	0.5	0.7			0.3	0.4			0.1	0.1		
	3-5	0.6	0.7			0.3	0.4			0.1	0.1		
남자	6-8(세)	0.9	1.0			0.5	0.6			0.1	0.2		
	9-11	1.3	1.6			0.7	0.9			0.2	0.2		
	12-14	1.8	2.3			1.0	1.3			0.3	0.3		
	15-18	2.1	2.6			1.2	1.5			0.3	0.4		
	19-29	2.8	3.6			1.1	1.5			0.3	0.3		
	30-49	2.9	3.5			1.2	1.5			0.3	0.3		
	50-64	2.7	3.4			1.1	1.4			0.3	0.3		
	65-74	2.5	3.3			1.1	1.3			0.2	0.3		
	75 이상	2.5	3.1			1.0	1.3			0.2	0.3		
여자	6-8(세)	0.8	1.0			0.5	0.6			0.1	0.2		
	9-11	1.2	1.5			0.6	0.9			0.2	0.2		
	12-14	1.6	1.9			0.9	1.2			0.2	0.3		
	15-18	1.6	2.0			0.9	1.2			0.2	0.3		
	19-29	2.3	2.9			0.9	1.1			0.2	0.3		
	30-49	2.3	2.8			0.9	1.2			0.2	0.3		
	50-64	2.2	2.7			0.8	1.1			0.2	0.3		
	65-74	2.1	2.6			0.8	1.0			0.2	0.2		
	75 이상	2.0	2.4			0.7	0.9			0.2	0.2		
임신부		0.8	1.0			3.0	3.8			0.3	0.4		
수유부		0.8	1.1			3.7	4.7			0.4	0.5		

성별	연령	히스티딘(g/일)				수분(mL/일)					
		평균 필요량	권장 섭취량	충분 섭취량	상한 섭취량	음식	물	음료	충분섭취량		상한 섭취량
									액체	총수분	
영아	0-5(개월)			0.1					700	700	
	6-11	0.2	0.3			300			500	800	
유아	1-2(세)	0.2	0.3			300	362	0	700	1,000	
	3-5	0.2	0.3			400	491	0	1,100	1,500	
남자	6-8(세)	0.3	0.4			900	589	0	800	1,700	
	9-11	0.5	0.6			1,100	686	1.2	900	2,000	
	12-14	0.7	0.9			1,300	911	1.9	1,100	2,400	
	15-18	0.9	1.0			1,400	920	6.4	1,200	2,600	
	19-29	0.8	1.0			1,400	981	262	1,200	2,600	
	30-49	0.7	1.0			1,300	957	289	1,200	2,500	
	50-64	0.7	0.9			1,200	940	75	1,000	2,200	
	65-74	0.7	1.0			1,100	904	20	1,000	2,100	
	75 이상	0.7	0.8			1,000	662	12	1,100	2,100	
여자	6-8(세)	0.3	0.4			800	514	0	800	1,600	
	9-11	0.4	0.5			1,000	643	0	900	1,900	
	12-14	0.6	0.7			1,100	610	0	900	2,000	
	15-18	0.6	0.7			1,100	659	7.3	900	2,000	
	19-29	0.6	0.8			1,100	709	126	1,000	2,100	
	30-49	0.6	0.8			1,000	772	124	1,000	2,000	
	50-64	0.6	0.7			900	784	27	1,000	1,900	
	65-74	0.5	0.7			900	624	9	900	1,800	
	75 이상	0.5	0.7			800	552	5	1,000	1,800	
임신부		1.2	1.5							+200	
수유부		1.3	1.7						+500	+700	

2020 한국인 영양소 섭취기준 - 지용성비타민

보건복지부, 2020

성별	연령	비타민 A(μg RAE/일)				비타민 D(μg/일)			
		평균 필요량	권장 섭취량	충분 섭취량	상한 섭취량	평균 필요량	권장 섭취량	충분 섭취량	상한 섭취량
영아	0-5(개월)			350	600			5	25
	6-11			450	600			5	25
유아	1-2(세)	190	250		600			5	30
	3-5	230	300		750			5	35
남자	6-8(세)	310	450		1,100			5	40
	9-11	410	600		1,600			5	60
	12-14	530	750		2,300			10	100
	15-18	620	850		2,800			10	100
	19-29	570	800		3,000			10	100
	30-49	560	800		3,000			10	100
	50-64	530	750		3,000			10	100
	65-74	510	700		3,000			15	100
	75 이상	500	700		3,000			15	100
여자	6-8(세)	290	400		1,100			5	40
	9-11	390	550		1,600			5	60
	12-14	480	650		2,300			10	100
	15-18	450	650		2,800			10	100
	19-29	460	650		3,000			10	100
	30-49	450	650		3,000			10	100
	50-64	430	600		3,000			10	100
	65-74	410	600		3,000			15	100
	75 이상	410	600		3,000			15	100
임신부		+50	+70		3,000			+0	100
수유부		+350	+490		3,000			+0	100

성별	연령	비타민 E(mg α-TE/일)				비타민 K(μg/일)			
		평균 필요량	권장 섭취량	충분 섭취량	상한 섭취량	평균 필요량	권장 섭취량	충분 섭취량	상한 섭취량
영아	0-5(개월)			3				4	
	6-11			4				6	
유아	1-2(세)			5	100			25	
	3-5			6	150			30	
남자	6-8(세)			7	200			40	
	9-11			9	300			55	
	12-14			11	400			70	
	15-18			12	500			80	
	19-29			12	540			75	
	30-49			12	540			75	
	50-64			12	540			75	
	65-74			12	540			75	
	75 이상			12	540			75	
여자	6-8(세)			7	200			40	
	9-11			9	300			55	
	12-14			11	400			65	
	15-18			12	500			65	
	19-29			12	540			65	
	30-49			12	540			65	
	50-64			12	540			65	
	65-74			12	540			65	
	75 이상			12	540			65	
임신부				+0	540			+0	
수유부				+3	540			+0	

2020 한국인 영양소 섭취기준 – 수용성비타민

보건복지부, 2020

성별	연령	비타민 C(mg/일)				티아민(mg/일)			
		평균 필요량	권장 섭취량	충분 섭취량	상한 섭취량	평균 필요량	권장 섭취량	충분 섭취량	상한 섭취량
영아	0-5(개월)			40				0.2	
	6-11			55				0.3	
유아	1-2(세)	30	40		340	0.4	0.4		
	3-5	35	45		510	0.4	0.5		
남자	6-8(세)	40	50		750	0.5	0.7		
	9-11	55	70		1,100	0.7	0.9		
	12-14	70	90		1,400	0.9	1.1		
	15-18	80	100		1,600	1.1	1.3		
	19-29	75	100		2,000	1.0	1.2		
	30-49	75	100		2,000	1.0	1.2		
	50-64	75	100		2,000	1.0	1.2		
	65-74	75	100		2,000	0.9	1.1		
	75 이상	75	100		2,000	0.9	1.1		
여자	6-8(세)	40	50		750	0.6	0.7		
	9-11	55	70		1,100	0.8	0.9		
	12-14	70	90		1,400	0.9	1.1		
	15-18	80	100		1,600	0.9	1.1		
	19-29	75	100		2,000	0.9	1.1		
	30-49	75	100		2,000	0.9	1.1		
	50-64	75	100		2,000	0.9	1.1		
	65-74	75	100		2,000	0.8	1.0		
	75 이상	75	100		2,000	0.7	0.8		
임신부		+10	+10		2,000	+0.4	+0.4		
수유부		+35	+40		2,000	+0.3	+0.4		

성별	연령	리보플라빈(mg/일)				니아신(mg NE/일)[1]			
		평균 필요량	권장 섭취량	충분 섭취량	상한 섭취량	평균 필요량	권장 섭취량	충분 섭취량	상한섭취량 니코틴산/니코틴아미드
영아	0-5(개월)			0.3				2	
	6-11			0.4				3	
유아	1-2(세)	0.4	0.5			4	6		10/180
	3-5	0.5	0.6			5	7		10/250
남자	6-8(세)	0.7	0.9			7	9		15/350
	9-11	0.9	1.1			9	11		20/500
	12-14	1.2	1.5			11	15		25/700
	15-18	1.4	1.7			13	17		30/800
	19-29	1.3	1.5			12	16		35/1000
	30-49	1.3	1.5			12	16		35/1000
	50-64	1.3	1.5			12	16		35/1000
	65-74	1.2	1.4			11	14		35/1000
	75 이상	1.1	1.3			10	13		35/1000
여자	6-8(세)	0.6	0.8			7	9		15/350
	9-11	0.8	1.0			9	12		20/500
	12-14	1.0	1.2			11	15		25/700
	15-18	1.0	1.2			11	14		30/800
	19-29	1.0	1.2			11	14		35/1000
	30-49	1.0	1.2			11	14		35/1000
	50-64	1.0	1.2			11	14		35/1000
	65-74	0.9	1.1			10	13		35/1000
	75 이상	0.8	1.0			9	12		35/1000
임신부		+0.3	+0.4			+3	+4		35/1000
수유부		+0.4	+0.5			+2	+3		35/1000

[1] 1 mg NE(니아신 당량)=1 mg 니아신=60 mg 트립토판

보건복지부, 2020

성별	연령	비타민 B_6(mg/일)				엽산(μg DFE/일)[1]			
		평균 필요량	권장 섭취량	충분 섭취량	상한 섭취량	평균 필요량	권장 섭취량	충분 섭취량	상한 섭취량[2]
영아	0-5(개월)			0.1				65	
	6-11			0.3				90	
유아	1-2(세)	0.5	0.6		20	120	150		300
	3-5	0.6	0.7		30	150	180		400
남자	6-8(세)	0.7	0.9		45	180	220		500
	9-11	0.9	1.1		60	250	300		600
	12-14	1.3	1.5		80	300	360		800
	15-18	1.3	1.5		95	330	400		900
	19-29	1.3	1.5		100	320	400		1,000
	30-49	1.3	1.5		100	320	400		1,000
	50-64	1.3	1.5		100	320	400		1,000
	65-74	1.3	1.5		100	320	400		1,000
	75 이상	1.3	1.5		100	320	400		1,000
여자	6-8(세)	0.7	0.9		45	180	220		500
	9-11	0.9	1.1		60	250	300		600
	12-14	1.2	1.4		80	300	360		800
	15-18	1.2	1.4		95	330	400		900
	19-29	1.2	1.4		100	320	400		1,000
	30-49	1.2	1.4		100	320	400		1,000
	50-64	1.2	1.4		100	320	400		1,000
	65-74	1.2	1.4		100	320	400		1,000
	75 이상	1.2	1.4		100	320	400		1,000
임신부		+0.7	+0.8		100	+200	+220		1,000
수유부		+0.7	+0.8		100	+130	+150		1,000

성별	연령	비타민 B_{12}(μg/일)				판토텐산(mg/일)				비오틴(μg/일)			
		평균 필요량	권장 섭취량	충분 섭취량	상한 섭취량	평균 필요량	권장 섭취량	충분 섭취량	상한 섭취량	평균 필요량	권장 섭취량	충분 섭취량	상한 섭취량
영아	0-5(개월)			0.3				1.7				5	
	6-11			0.5				1.9				7	
유아	1-2(세)	0.8	0.9					2				9	
	3-5	0.9	1.1					2				12	
남자	6-8(세)	1.1	1.3					3				15	
	9-11	1.5	1.7					4				20	
	12-14	1.9	2.3					5				25	
	15-18	2.0	2.4					5				30	
	19-29	2.0	2.4					5				30	
	30-49	2.0	2.4					5				30	
	50-64	2.0	2.4					5				30	
	65-74	2.0	2.4					5				30	
	75 이상	2.0	2.4					5				30	
여자	6-8(세)	1.1	1.3					3				15	
	9-11	1.5	1.7					4				20	
	12-14	1.9	2.3					5				25	
	15-18	2.0	2.4					5				30	
	19-29	2.0	2.4					5				30	
	30-49	2.0	2.4					5				30	
	50-64	2.0	2.4					5				30	
	65-74	2.0	2.4					5				30	
	75 이상	2.0	2.4					5				30	
임신부		+0.2	+0.2					+1.0				+0	
수유부		+0.3	+0.4					+2.0				+5	

1) Dietary Folate Equivalents, 가임기 여성의 경우 400 μg/일의 엽산보충제 섭취를 권장함,

2) 엽산의 상한섭취량은 보충제 또는 강화식품의 형태로 섭취한 μg/일에 해당됨.

2020 한국인 영양소 섭취기준 – 다량무기질

보건복지부, 2020

성별	연령	칼슘(mg/일)				인(mg/일)				나트륨(mg/일)			
		평균 필요량	권장 섭취량	충분 섭취량	상한 섭취량	평균 필요량	권장 섭취량	충분 섭취량	상한 섭취량	필요 추정량	권장 섭취량	충분 섭취량	만성질환위험 감소섭취량
영아	0-5(개월)			250	1,000			100				110	
	6-11			300	1,500			300				370	
유아	1-2(세)	400	500		2,500	380	450		3,000			810	1,200
	3-5	500	600		2,500	480	550		3,000			1,000	1,600
남자	6-8(세)	600	700		2,500	500	600		3,000			1,200	1,900
	9-11	650	800		3,000	1,000	1,200		3,500			1,500	2,300
	12-14	800	1,000		3,000	1,000	1,200		3,500			1,500	2,300
	15-18	750	900		3,000	1,000	1,200		3,500			1,500	2,300
	19-29	650	800		2,500	580	700		3,500			1,500	2,300
	30-49	650	800		2,500	580	700		3,500			1,500	2,300
	50-64	600	750		2,000	580	700		3,500			1,500	2,300
	65-74	600	700		2,000	580	700		3,500			1,300	2,100
	75 이상	600	700		2,000	580	700		3,000			1,100	1,700
여자	6-8(세)	600	700		2,500	480	550		3,000			1,200	1,900
	9-11	650	800		3,000	1,000	1,200		3,500			1,500	2,300
	12-14	750	900		3,000	1,000	1,200		3,500			1,500	2,300
	15-18	700	800		3,000	1,000	1,200		3,500			1,500	2,300
	19-29	550	700		2,500	580	700		3,500			1,500	2,300
	30-49	550	700		2,500	580	700		3,500			1,500	2,300
	50-64	600	800		2,000	580	700		3,500			1,500	2,300
	65-74	600	800		2,000	580	700		3,500			1,300	2,100
	75 이상	600	800		2,000	580	700		3,000			1,100	1,700
임신부		+0	+0		2,500	+0	+0		3,000			1,500	2,300
수유부		+0	+0		2,500	+0	+0		3,500			1,500	2,300

성별	연령	염소(mg/일)				칼륨(mg/일)				마그네슘(mg/일)			
		평균 필요량	권장 섭취량	충분 섭취량	상한 섭취량	평균 필요량	권장 섭취량	충분 섭취량	상한 섭취량	평균 필요량	권장 섭취량	충분 섭취량	상한 섭취량[1)]
영아	0-5(개월)			170				400				25	
	6-11			560				700				55	
유아	1-2(세)			1,200				1,900		60	70		60
	3-5			1,600				2,400		90	110		90
남자	6-8(세)			1,900				2,900		130	150		130
	9-11			2,300				3,400		190	220		190
	12-14			2,300				3,500		260	320		270
	15-18			2,300				3,500		340	410		350
	19-29			2,300				3,500		300	360		350
	30-49			2,300				3,500		310	370		350
	50-64			2,300				3,500		310	370		350
	65-74			2,100				3,500		310	370		350
	75 이상			1,700				3,500		310	370		350
여자	6-8(세)			1,900				2,900		130	150		130
	9-11			2,300				3,400		180	220		190
	12-14			2,300				3,500		240	290		270
	15-18			2,300				3,500		290	340		350
	19-29			2,300				3,500		230	280		350
	30-49			2,300				3,500		240	280		350
	50-64			2,300				3,500		240	280		350
	65-74			2,100				3,500		240	280		350
	75 이상			1,700				3,500		240	280		350
임신부				2,300				+0		+30	+40		350
수유부				2,300				+400		+0	+0		350

1) 식품외 급원의 마그네슘에만 해당

2020 한국인 영양소 섭취기준 – 미량무기질

보건복지부, 2020

성별	연령	철(mg/일)				아연(mg/일)				구리(μg/일)			
		평균 필요량	권장 섭취량	충분 섭취량	상한 섭취량	평균 필요량	권장 섭취량	충분 섭취량	상한 섭취량	평균 필요량	권장 섭취량	충분 섭취량	상한 섭취량
영아	0-5(개월)			0.3	40			2				240	
	6-11	4	6		40	2	3					330	
유아	1-2(세)	4.5	6		40	2	3		6	220	290		1,700
	3-5	5	7		40	3	4		9	270	350		2,600
남자	6-8(세)	7	9		40	5	5		13	360	470		3,700
	9-11	8	11		40	7	8		19	470	600		5,500
	12-14	11	14		40	7	8		27	600	800		7,500
	15-18	11	14		45	8	10		33	700	900		9,500
	19-29	8	10		45	9	10		35	650	850		10,000
	30-49	8	10		45	8	10		35	650	850		10,000
	50-64	8	10		45	8	10		35	650	850		10,000
	65-74	7	9		45	8	9		35	600	800		10,000
	75 이상	7	9		45	7	9		35	600	800		10,000
여자	6-8(세)	7	9		40	4	5		13	310	400		3,700
	9-11	8	10		40	7	8		19	420	550		5,500
	12-14	12	16		40	6	8		27	500	650		7,500
	15-18	11	14		45	7	9		33	550	700		9,500
	19-29	11	14		45	7	8		35	500	650		10,000
	30-49	11	14		45	7	8		35	500	650		10,000
	50-64	6	8		45	6	8		35	500	650		10,000
	65-74	6	8		45	6	7		35	460	600		10,000
	75 이상	5	7		45	6	7		35	460	600		10,000
임신부		+8	+10		45	+2.0	+2.5		35	+100	+130		10,000
수유부		+0	+0		45	+4.0	+5.0		35	+370	+480		10,000

성별	연령	불소(mg/일)				망간(mg/일)				요오드(μg/일)			
		평균 필요량	권장 섭취량	충분 섭취량	상한 섭취량	평균 필요량	권장 섭취량	충분 섭취량	상한 섭취량	평균 필요량	권장 섭취량	충분 섭취량	상한 섭취량
영아	0-5(개월)			0.01	0.6			0.01				130	250
	6-11			0.4	0.8			0.8				180	250
유아	1-2(세)			0.6	1.2			1.5	2.0	55	80		300
	3-5			0.9	1.8			2.0	3.0	65	90		300
남자	6-8(세)			1.3	2.6			2.5	4.0	75	100		500
	9-11			1.9	10.0			3.0	6.0	85	110		500
	12-14			2.6	10.0			4.0	8.0	90	130		1,900
	15-18			3.2	10.0			4.0	10.0	95	130		2,200
	19-29			3.4	10.0			4.0	11.0	95	150		2,400
	30-49			3.4	10.0			4.0	11.0	95	150		2,400
	50-64			3.2	10.0			4.0	11.0	95	150		2,400
	65-74			3.1	10.0			4.0	11.0	95	150		2,400
	75 이상			3.0	10.0			4.0	11.0	95	150		2,400
여자	6-8(세)			1.3	2.5			2.5	4.0	75	100		500
	9-11			1.8	10.0			3.0	6.0	80	110		500
	12-14			2.4	10.0			3.5	8.0	90	130		1,900
	15-18			2.7	10.0			3.5	10.0	95	130		2,200
	19-29			2.8	10.0			3.5	11.0	95	150		2,400
	30-49			2.7	10.0			3.5	11.0	95	150		2,400
	50-64			2.6	10.0			3.5	11.0	95	150		2,400
	65-74			2.5	10.0			3.5	11.0	95	150		2,400
	75 이상			2.3	10.0			3.5	11.0	95	150		2,400
임신부				+0	10.0			+0	11.0	+65	+90		
수유부				+0	10.0			+0	11.0	+130	+190		

보건복지부, 2020

성별	연령	셀레늄(μg/일)				몰리브덴(μg/일)				크롬(μg/일)			
		평균 필요량	권장 섭취량	충분 섭취량	상한 섭취량	평균 필요량	권장 섭취량	충분 섭취량	상한 섭취량	평균 필요량	권장 섭취량	충분 섭취량	상한 섭취량
영아	0-5(개월)			9	40							0.2	
	6-11			12	65							4.0	
유아	1-2(세)	19	23		70	8	10		100			10	
	3-5	22	25		100	10	12		150			10	
남자	6-8(세)	30	35		150	15	18		200			15	
	9-11	40	45		200	15	18		300			20	
	12-14	50	60		300	25	30		450			30	
	15-18	55	65		300	25	30		550			35	
	19-29	50	60		400	25	30		600			30	
	30-49	50	60		400	25	30		600			30	
	50-64	50	60		400	25	30		550			30	
	65-74	50	60		400	23	28		550			25	
	75 이상	50	60		400	23	28		550			25	
여자	6-8(세)	30	35		150	15	18		200			15	
	9-11	40	45		200	15	18		300			20	
	12-14	50	60		300	20	25		400			20	
	15-18	55	65		300	20	25		500			20	
	19-29	50	60		400	20	25		500			20	
	30-49	50	60		400	20	25		500			20	
	50-64	50	60		400	20	25		450			20	
	65-74	50	60		400	18	22		450			20	
	75 이상	50	60		400	18	22		450			20	
임신부		+3	+4		400	+0	+0		500			+5	
수유부		+9	+10		400	+3	+3		500			+20	

기본
영양학

발 행 일	2018년 02월 28일 1판 1쇄
대표저자	한정순
발 행 인	이흥억
발 행 처	해진미디어
주 소	서울시 관악구 신림로66길 59(B1F)
전 화	02-889-9718
팩 스	02-889-9716
이 메 일	hjmedia16@naver.com
홈페이지	www.hjmedia.kr
등 록	2016년 8월 22일 (wp 2016-000041호)

ISBN 979-11-88141-03-6 93510 값 : 25,000원